I0484062

BITCOIN. ¿Jaque Mate al Sistema Financiero?

Libro 1: Enseñando Criptomonedas a la abuela Pepa.

Por
Santiago Márquez Solís

www.santiagomarquezsolis.com
(© 2015 Santiago Márquez Solís – smarquezsolis@gmail.com)

A Sofía y Jesús...

...por un mundo mejor para vosotros

Ilustración 1 www.santiagomarquezsolis.com

PROLOGO

Las cosas cambian. Todo está sujeto a esta ley. Da igual donde miremos, todo es cambio y nada permanece inalterado para siempre. ¿Todo? Bueno, al menos casi todo, porque el funcionamiento del dinero y cómo la Sociedad se articula en torno a él no ha variado mucho en los últimos siglos.

Sin embargo, la llegada de Bitcoin, parece que va a cambiar esta situación. Parece que el poder democratizador de la Red, también va a llegar a tocar el instrumento que hace que, Estados y Gobiernos, puedan ejercer su manipulación sobre los ciudadanos.

Nos guste o no nos guste, el dinero es una institución social, y es el mecanismo inventado para organizar las actividades económicas de una Sociedad, pero como todos los inventos creados por el hombre, tiene sus cosas buenas pero también sus defectos, y aunque estamos acostumbrados a tener mejores coches, mejores casas, mejores comunicaciones, mejores ropas, y alimentos de mejor calidad, pocas veces nos hemos planteado a que esto mismo debería ser aplicable al dinero. ¿Es no sólo posible, sino además deseable, tener una moneda de calidad?

Creo que Bitcoin puede ser también la respuesta, a todos los que nos hemos hecho alguna vez, esta pregunta, y a pesar de sus lados oscuros y de la incertidumbre que aun existe, puede que nos encontremos ante una revolución comparable solo a la propia Internet, y esta revolución viene de la mano de dos ideas principales, una la separación entre el Estado y la Moneda y otra la Tecnología de la Cadena de Bloques (blockchain).

Y dado que muchos tratan de criminalizarlo, y obstaculizar su, por otro lado, imparable éxito, otros queremos darla a conocer, porque estamos seguros que a larga, seremos capaces de crear una Sociedad mejor para nuestros hijos.

Antes de comenzar, te doy las gracias de antemano por tu tiempo y por el interés demostrado por esta serie de libros.

Madrid 2015.

INDICE DE CONTENIDO

RELACION DE ILUSTRACIONES

PRESENTACION

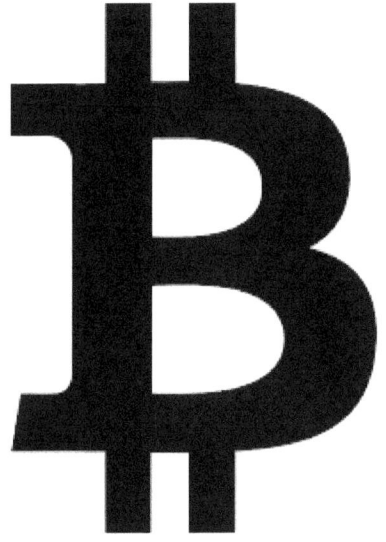

Acerca de la Serie "Bitcoin. ¿Jaque mate al Sistema Financiero? o lo que es lo mismo, enseñando criptomonedas a la abuela Pepa"

La serie de libros "Bitcoin. ¿Jaque mate al Sistema Financiero? o lo que es lo mismo, enseñando criptomonedas a la abuela Pepa" es la manera que he ideado para agrupar los cinco libros, que he estado escribiendo sobre Bitcoin y las criptomonedas más populares que puedes encontrar en el ciberespacio, bajo un nombre común. Todos ellos contienen como característica fundamental, **el intentar explicar lo difícil de la manera más fácil posible**. Además, una de las ideas que a mí personalmente más me gusta, cuando aprendo algo, reside en ir al grano, poniendo los conocimientos básicos que me permitan avanzar, sin perderme en un montón de contenido, que no hacen si no distraerme del objetivo perseguido, es por eso que los libros de esta serie están pensados para ser completos pero sintéticos y no irse mucho más de las 220/250 páginas.

El nombre de la serie se debe a **mi abuela Pepa**, una

persona que siempre se preocupó por todo aquel que estuvo cerca de ella y que fue una pieza fundamental, por no decir clave, en mi educación. De las muchas cosas que recuerdo, estaba su particular manera de decirnos lo importante que era que nos esforzáramos para llegar a ser alguien en la vida, algo que sin duda choca con la cultura que existe hoy en día del mínimo esfuerzo.

No sé si yo he llegado a ser alguien en la vida, pero lo que sí sé, es que siempre he intentado vivir acorde a lo que mi abuela me enseñó y entre esas muchas cosas estaba echar una mano a los demás siempre que se pudiera. Esta serie de libros va en esa línea, compartir lo que Bitcoin significa y ayudar a que todo el mundo pueda participar de la que es sin duda, la tecnología disruptiva de este siglo.

Espero haberlo conseguido.

Acerca de este Libro 1, y a modo de Bienvenida.

Hace casi **algo más de tres años,** comencé a leer artículos en algunos foros de Internet, en donde Bitcoin auguraba ser una auténtica revolución (con r minúscula), incluso reconozco que comencé a leer el artículo original de Nakamoto y me llegué a interesar por la minería, pero acabé dejándolo de lado, la idea fundamental de moneda electrónica y de criptomoneda, no era un concepto nuevo, y los principios cuasi filosóficos sobre **criptoanarquía** aunque muy interesantes sobre el papel, siempre pensé que llegar a ponerlos en práctica en la realidad, era muy complicado. La barrera de entrada era demasiado elevada, y ni bancos ni gobiernos, por no decir en general todo el mundo financiero, poseían unos intereses tan grandes en dejar las cosas como estaban, que permitir que una moneda como Bitcoin pudiera ponerse en marcha, era simplemente algo inconcebible, máxime después de ver cómo otras iniciativas, aunque diferentes en su ejecución, similares en su concepción, y que perseguían la utilización de monedas de uso voluntario, como el Liberty Dollar, por poner un ejemplo rápido, acababan con su fundador en la cárcel.

Sin embargo, **me equivoqué** y demostré tener poca visión

de futuro, **subestimé el poder de la Red** y de las personas que trabajan en ella, y que Bitcoin no es sino una respuesta, que tarde o temprano y tal y como están las cosas, tenía que acabar sucediendo, era la respuesta a la pregunta que en muchas ocasiones estoy seguro que te habrás hecho, **¿cómo podemos cambiar las cosas y hacer un mundo más justo y mejor?** Hoy tres años más tarde, la revolución no sólo, no se ha puesto en marcha, sino que da muestras de llegar a producir un auténtico cambio en el orden de las cosas.

Si los augurios se confirman, estaríamos ante el principio del cambio del sistema económico mundial y de la sociedad en su conjunto, y nos estaríamos enfrentando a algo sin precedentes, ni más ni menos **que a la división entre Estado y Moneda.** Sé que quizás es aún pronto para verlo, y quizás alguien pueda pensar que exagero, que Bitcoin no es más que un **experimento fallido que no llegará a nada**, y que el convulso año 2014 que ha tenido, no es más que la muestra de que no va a ningún lado.

Según el portal **Sputnik**, hay cinco razones básicas que harán que Bitcoin acabe desapareciendo a lo largo de este año 2015: el precio, la cada vez menos rentable labor de los mineros, la falta de protección a los consumidores, su bajo ritmo de adopción y que Bitcoin no es más que una moda pasajera.

¿Llevan razón en sus argumentaciones y pésimos augurios? ¿Desaparecerá Bitcoin este año? Pienso que no, y espero poder argumentarlo y darte razones suficientes para que veas porque están equivocados. Aquellos que dan por muerto a Bitcoin lo hacen demasiado pronto, se centran y justifican sus argumentos basándose solo en el precio y dejan de lado otras muchas cuestiones.

Por eso, y al igual que sucede con la función exponencial,

cuando se mira un rango acotado de sus valores sin tener en cuenta toda la función, parece que la variación y el aumento entre puntos es lineal y poco importante, sólo cuando se produce el salto y se mira desde mucho más lejos, se ve que el punto de inflexión es tan dramáticamente fuerte y veloz, que una vez se produce, nadie puede escapar de su influencia.

Si la idea de separar Estado y Moneda nos resulta atractiva a muchos, hay otra que aún es mucho más sutil para el recién llegado a este panorama, me refiero al poder de la **Cadena de Bloques**, y a sus enormes posibilidades para permitirnos crear una **nueva gama de aplicaciones que van a complicar mucho a los Estados el control y vigilancia continua a la que quieren someternos**.

Pero, ¡ojo! Todo esto **no es fácil de entender**, pagar con Bitcoin **no es aún cómodo** y es previsible que siga siéndolo durante algún tiempo, entender sus entresijos **no es trivial**, lidiar con conceptos criptográficos, **nos asusta**, y el panorama, al menos al principio, puede echarnos para atrás.

A pesar de tantos inconvenientes y tantas voces hablando en contra, así es cómo veo a Bitcoin y a las criptomonedas en general, como algo arrollador que **acabará formando parte de tu vida**, del mismo modo que ahora mismo no puedes entender vivir sin Internet, sin estar completamente conectado en cada momento, sin tener tu móvil al alcance de la mano (¿recuerdas cuando hablar por móvil en la calle era considerado algo solo de altos ejecutivos y de lo más extravagante?), llegará un día (y no muy lejano) en donde no podrás vivir sin Bitcoin y su tecnología subyacente.

Si quieres formar parte de la **Revolución** (y ahora con R mayúscula) y tu objetivo es comprender cómo funciona esta moneda, qué la hace tan especial, porqué te interesa entenderla y adoptarla cuanto antes, y el porqué de sus bondades, entonces, todo lo que cuento es para ti.

Y es **que a lo largo de 5 libros**, conocerás todos los conceptos que hay detrás de Bitcoin, aprenderás a usarlo y a encajarlo en el complicado entramado monetario digital en el que nos movemos.
Pero eso es solo una parte del viaje, la otra parte consistirá en integrar Bitcoin dentro de tus aplicaciones y hacer que se aprovechen de todo su poder gracias a los diferentes APIs de programación que iremos viendo.

Te aseguro, que no quedarás defraudado.

Motivación.

El universo de las criptomonedas, es un universo muy vivo y muy, muy amplio, y en donde los cambios y las noticias se producen, aunque sea una obviedad decirlo, a una velocidad de vértigo. Debido a ello, hay quien no logra entender el verdadero significado de lo que es Bitcoin y prefiere esperar a ver qué sucede, no resulta fácil de entender a primera vista y eso que estamos hablando de algo a priori sencillo, ni más ni menos que de **dinero**, algo que usamos todos los días. Tampoco contribuye mucho, cuando en los medios de comunicación, parecen haberse empeñado en **asociar la palabra Bitcoin con otras tan poco amigables como drogas, prostitución, delincuencia**... como si el euro o los dólares pudieran estar ajenos a esta realidad, que nos guste o no nos guste, está ahí y que es independiente del mecanismo monetario que se utilice para su acceso y financiación.

¿Qué podía hacer yo para contribuir, **en castellano**, a su difusión y ayudar a que la gente que se acerca a Bitcoin vea su verdadero potencial? Pues una de las cosas que creo que mejor se me da hacer, explicar lo difícil de manera fácil, utilizar la experiencia que tengo a lo largo de los años formando en tecnología a mucha gente y mostrar que si tal vez se persigue que Bitcoin no resulte inteligible o se le persigue, puede ser precisamente por su elevado poder para cambiar y Revolucionar.

Presentación.

Sea como fuere, lo cierto es que cuando me puse manos a la obra, pensé que el trabajo al que me enfrentaría sería mucho menor del que realmente es, más que nada porque los conocimientos que yo he adquiridos, lo he hecho a lo largo de mucho tiempo, y daba por obvió cuestiones que para el neófito no son tales. Después de haber acabado el primer capítulo, y repasarlo y dejar que otros me dieran su opinión, me daba cuenta que era necesario cambiar de sitio las cosas, introducir nuevos conceptos, reescribir otros… aún faltaba **mucho camino por recorrer**.

Tenía dos opciones: uno era seguir elaborando el contenido tal y como inicialmente lo había pensado y una vez finalizado, revisado y editado, pasar a publicarlo como un libro y quien llegue hasta él genial y el que no, pues que le íbamos a hacer, pero este planteamiento **equivalía a no aportar mucho más de lo que ya existe por Internet**.

No, ese no era el camino, tenía que hacer otra cosa que fuera un poco más lejos y al menos intentase aportar más valor.

Y es ahí donde se me ocurrió publicar el contenido por entregas (a priori van a ser 5 libros, pero no descarto que pueda añadir alguna adicional según el contenido resulte demasiado denso o no) por dos motivos:

- primero, a mi me viene mejor y me da sensación de avance en mi trabajo. Esperar a tener todos los contenidos desarrollados y en el estado en el que quiero tenerlos aún me va a llevar tiempo y es un poco frustrante. Y el ritmo al que cambian las cosas ahí fuera es tan rápido, que probablemente nunca me sentiría satisfecho.

- segundo, puedo dedicarme en exclusiva a un tema y dejar que todo el mundo lo valore (y no sólo algunos amigos que como siempre nos quieren bien), lo evalúe y me dé su opinión al respecto, además si hay algo que no queda claro puedo modificarlo y hacer nuevas revisiones más específicas, y si algo cambia, pues cambiarlo y adaptarlo a la nueva realidad.

Pero es que a parte del contenido por entregas que puedes adquirir a través de Amazon, en breve tendrás disponible la posibilidad de seguir el curso que estoy creando en Udemy (falta un poquito aún, en cuanto acabe con las diapositivas principales), y, en donde, me tienes accesible cuando quieras, para echarte una mano en tus inicios con Bitcoin.

De todos modos, también en Udemy hay varios cursos sobre Bitcoin, algunos de pago y otros gratuitos, pero todos ellos en inglés. Os dejo aquí las referencias a los gratuitos por si os interesa echarles un vistazo:

- **Bitcoin or How I Learned to Stop Worrying and Love Crypto** de Charles Hoskinson y Brian Göss.

Accesible desde: https://www.udemy.com/bitcoin-or-how-i-learned-to-stop-worrying-and-love-crypto/?dtcode=T92qZrM2noQI

- **Bitcoin** de Alex Genadinik. Accesible desde: https://www.udemy.com/bitcoin-course/?dtcode=SzulahU2noQI

- **The Bitcoin Basics** de la Draper University. Accesible desde: https://www.udemy.com/the-bitcoin-course/?dtcode=FMkirhn2noQI

- **"Bitcoin For Beginners"** - Using **Bitcoin & Altcoins** de Mr. Evander Smart. Accesible desde: https://www.udemy.com/bitcoinforbeginnersfree/?dtcode=gYcUAyc2noQI

De los cuatro, personalmente creo que el mejor es el de Hoskinson y Göss, pero para gustos los colores, ¿verdad?

¿De dónde saco mis primeros Bitcoin?, ¿cómo lo hago?

¿Qué no tienes Bitcoin aún y te gustaría empezar a tenerlos cuanto antes? Esta suele ser la parte más complicada, tradicionalmente los mecanismos utilizados para obtenerlos suelen estar dentro de alguna de las siguientes opciones:

- Minándolos.
- Los adquiero a través de un operador de Bitcoin o se los compró a alguien que resulte de confianza.
- Realizo un trabajo por algo y alguien me paga por ello en Bitcoin.

Y como todo en esta vida, cada una de las opciones

anteriores tiene sus ventajas y sus inconvenientes.

La **primera posibilidad**, la minería (veremos en qué consiste en el libro 3), cuando nadie conocía que era esto de Bitcoin, era una buena manera de conseguirlos, y con un ordenador de casa se podía hacer sin problemas. Hoy en día no tiene mucho sentido, salvo que dispongamos de hardware muy especializado (**del tipo ASIC**) y específico, que permita realizar las complejas operaciones matemáticas que se necesitan para poder generar la moneda. Existe la posibilidad de hacer minería en la nube comprando poder de cómputo a cambio de euros en plataformas como CEX.io.

La **segunda opción** tiene como inconveniente que te tienes que fiar del operador de Bitcoin con el que vas a realizar la operación. Básicamente trabajar con un operador de Bitcoin se resume en dos pasos:

- Primero hacer una transferencia de la cantidad que deseemos desde nuestra cuenta bancaria a la cuenta bancaria que está en poder del operador (transferencia que suele ser internacional, salvo en el caso que estés en el mismo país que el banco del operador).

- Una vez que el operador tiene en su poder nuestro dinero, actualiza nuestro saldo en su plataforma, y a partir de ahí podemos comenzar a comprar Bitcoin en el mercado, al precio al que se encuentre en ese momento, en la plataforma en cuestión (**hacer trading,** ya hablaremos de esto también en el libro 4).

Que el operador sea de fiar es muy importante para evitar casos como el de **MtGox**, la plataforma de compra y venta de Bitcoin más importante del mundo y que a principios de 2014, quebró dejando **un agujero de más de 650.000 Bitcoin** (850.000 realmente, pero se recuperaron 200.000), que literalmente desaparecieron como por arte de magia, según ellos debido a un robo hacker, y según otros a un fraude bien orquestado desde dentro de la propia MtGox (hablaré con más detalle de MtGox más adelante en este mismo libro). Sea como fuere, tanto si tenías Bitcoin como euros o dólares en esta plataforma, se esfumaron y MtGox y su presidente **Mark Karpeles**, están siendo investigados por la justicia japonesa.

Otra plataforma muy importante que también se ha visto afectada por ataques hacker y más recientemente (Enero de 2015) ha sido **Bitstamp**, aunque esta última se recuperó de la pérdida de 19.000 Bitcoin y volvió a funcionar con normalidad a los pocos días de su eventual caída, sin que las cuentas de sus clientes se vieran afectadas.

La plataforma china **Bter**, ha sido la última en sumarse a la lista de operadores hackeados (Febrero de 2015), con un robo de 7.170 Bitcoin y ofreciendo una recompensa de 720 Bitcoin a todo aquel que ayude en la recuperación de los fondos robados.

Es posible también encontrar en foros de Internet relacionados con Bitcoin, personas físicas que ofrecen Bitcoin a cambio de euros. El porqué de usar esta opción es muy simple. Si optamos por hacer una transferencia bancaria a otra cuenta, quedamos en todo momento identificados por el banco, quien tiene **además por cuestiones de lavado de dinero, que dar cuentas al Estado de nuestras transferencias.**

Si no queremos transferir dinero a ningún sitio, solo queda la opción de quedar con alguien y darle dinero físico y que él nos transfiera los Bitcoin equivalentes a nuestra billetera. Como el proceso de mover Bitcoin entre billeteras es prácticamente instantáneo e irreversible, es una manera de saltar el eventual control que el Estado quiera hacernos.

Esta **opción no es para nada recomendable para novatos** y aquí sí que tienes que fiarte de con quién estás tratando porque te lo recomiende un amigo o porque su reputación en la red lo avale. En estos casos, se suele quedar con la persona físicamente y se hace el intercambio in situ.

Probablemente la opción que menos nos complica la vida **sea la tercera**, hacer un trabajo y que alguien nos pague por ello, pero claro, ¿dónde encontramos a alguien que me pague por hacer algo que le interese y además usando Bitcoin? A medida que Bitcoin se populariza es más fácil encontrar a gente dispuesta a hacerlo, y eventualmente cuando Bitcoin este extendido y aceptado globalmente, no me cabe la menor duda que será el mecanismo estándar de efectuar transacciones, pero mientras ese momento llega, la respuesta la vamos a encontrar en algo que recibe el nombre de **grifos o faucets de Bitcoin**.

Un grifo lo que hace es proporcionarnos **pequeñas cantidades de Bitcoin por el visionado de publicidad que dura unos cuantos segundos**. A más segundos que duré el anuncio, más cantidad ganamos. Que nadie se lleve a engaño, las cantidades que pagan están en el orden de los céntimos, así que ir olvidando hacerse rico con este sistema ;-) que dicho de paso, no es ni mucho menos nuevo. Se lleva usando desde hace muchísimo tiempo pero usando euros o dólares en lo que se conocen como **PTCs o Pay To Click**, o "Pago por hacer click" y hay decenas de web en Internet especializadas.

Pero ¡cuidado! Hay que saber que muchos de los grifos que hay en Internet son webs que, con la promesa de pagarte cierta cantidad (o mejor dicho cuando **llegues a un mínimo de dinero**, y esto suele ser lo común, tanto en los que son de fiar como en los que no lo son) lo único que hacen, es que gastes tú tiempo haciendo click en los enlaces que te proponen y al final no te dan nada o desaparecen de la red sin previo aviso, es por eso que conviene ser cuidadoso y asegurarse bien con quien nos aliamos.

Entiendo que ver la publicidad de los grifos no significa que vayamos a dejarnos llevar por ella. Pero también hay que tener cuidado en no caer en la trampa de los propios anuncios que visionamos, actuando como meros autómatas sin leer lo que en muchos de estas páginas ponen. Cosas como "**invierte XX dinero y obtén una rentabilidad YY**", donde "YY" es algo desorbitado y absurdo, pueden resultar tentadoras y una manera de hacerse rico fácilmente, pero no es más que el viejo truco de la Martingala de la ruleta de los casinos en su versión siglo XXI.

Estas webs reciben el nombre de **HYIP o High Yield Investment Program o Programa de Inversión de Alta Rentabilidad** y hay que ser especialmente cuidadoso, porque se basan en estafas piramidales, de las que hablaremos también más adelante.

¿Algún grifo que pueda recomendarte y que tenga la seguridad de que pagan?, generalmente yo suelo comprar usando plataformas de trading. Pero por hacer pruebas y poder ilustrar con algún ejemplo esta parte del libro, me registré hace unos meses en Btcclicks y hasta la fecha no me ha dado ningún problema y ha pagado religiosamente al llegar a la cantidad mínima establecida (1000 satoshis), por lo que puede ser un buen punto de inicio.

Por cierto, **no tengo ningún tipo de relación personal ni**

profesional con Btcclicks, lo digo por si alguien piensa que quiero hacer publicidad por algún motivo, solamente lo cito como ejemplo, para ilustrar esta posibilidad y debido a que, repito, no he tenido problemas hasta la fecha con ellos para cobrar.

Requisitos Previos

Cómo explicaba anteriormente, el formato digital permite poder adaptar el contenido a las necesidades de mi avance, del mismo modo, los conocimientos que se necesitan para poder entenderlos varían en función de donde te encuentres, aunque para ser justos hay que decir que varían poco. Los dos primeros libros dedicados a explicar mi justificación de la necesidad de Bitcoin en la Sociedad y el concepto de dinero electrónico, no requieren de ningún conocimiento previo, solo tener la mente abierta y creer que es posible cambiar las cosas.

El libro 3 dedicado a la criptografía es un poco más complicado, pero del mismo modo, tampoco se requiere ser un gurú en el tema, siguiendo el avance natural del libro, veréis que todo es más sencillo de lo que parece, me he esforzado en que las matemáticas no sean un problema para comprenderlo. Personalmente yo no me saltaría este tema a pesar de que más de uno pensará que menudo rollo, comprender la criptografía debería ser algo que desde ya tiene que estar incluido en nuestra operativa diaria, y que no debemos de relegarlo a terceros. Es cómo cuando coges el coche y te tienes que poner el cinturón de seguridad, al principio resulta un poco incómodo, e incluso puedes a veces olvidarlo, pero una vez se hace costumbre, quien saldría de viaje sin ponérselo.

El libro 4 es un monográfico sobre Bitcoin en toda regla, probablemente todos los aspectos que se puedan pasar por la cabeza sobre su funcionamiento están explicados y recogidos aquí. Todas las piezas que falten del puzle y que no hayan sido explicadas en los libros anteriores, lo serán en este. Si llegas hasta aquí después de haber leído los libros anteriores, estoy seguro que no tendrás problemas para comprender nada de lo que ahí veremos.

Finalmente el **libro 5**, es un libro más accesorio para el público general y solamente tendrá interés para quienes quieren desarrollar aplicaciones para Bitcoin o quieran ver la potencia de la cadena de bloques. En este caso explicaré el funcionamiento del API de programación de BitcoinJ, y luego entraremos en otras posibilidades, como son los APIs de terceros (como el de Blockchain), o su implementación utilizando PHP, o cosas tan extravagantes para algunos, como son los oráculos o cómo hacer aplicaciones móviles que soporten la operativa con Bitcoin, también veremos algunos proyectos que actúan como pasarela de pago usando Bitcoin y sus posibilidades de integración en nuestras aplicaciones.

Pero es que además contaremos cómo se puede explotar la información de la cadena de bloques, para extraer información de ella y hasta donde se puede llegar en estos análisis, ¿estamos completamente anonimizados?. Obviamente los requisitos para poder sacarle el jugo a este libro último son más ambiciosos, y hay que estar familiarizado con la programación en general y tener conocimientos básicos sobre orientación a objetos, no hay que ser una máquina ni un gurú del lenguaje, los ejemplos que vamos a ver son suficientemente fáciles de seguir, pero una base mínima será necesaria.

En Resumen. ¿Qué veremos?

A continuación tienes un pequeño resumen de lo que veremos en cada uno de los diferentes módulos.

- **Libro 1. Bitcoin. El dinero y el Sistema Económico y Financiero**
  Comprenderemos qué es el dinero, cuando surge y por qué, cómo funciona el sistema económico y financiero, y algunos conceptos básicos que son importantes conocer para situarnos y entender la naturaleza de las criptomonedas en general y de Bitcoin en particular y de la Revolución que supone su uso y aceptación. Cuando finalicemos este módulo deberías de estar convencido de la necesidad de Bitcoin, y el porqué de su poder transformador.

- **Libro 2. El Dinero Electrónico y criptomonedas.**
  En este libro abordaremos dos ideas fundamentales, la primera qué es el dinero electrónico, y veremos que no es un concepto nuevo, lo llevamos utilizando desde hace tiempo. A partir de ahí, entraremos en el universo de las criptomonedas, partiendo de unos conceptos básicos que en general todas comparten (y que desarrollaremos de manera específica para Bitcoin en el libro 4), explicaremos el amplio abanico que existe, centrándonos en las criptomonedas más populares y que rivalizan con Bitcoin: Ripple, Litecoin, Pesetacoin, Fedoracoin, Dogecoin, Auroracoin, Dicecoin… ¿tienen sentido? ¿Aportan algo? ¿En qué se diferencian de Bitcoin? Todas estas preguntas y muchas más serán tratadas y contestadas.

- **Libro 3. Criptografía de Clave Pública**
  Bitcoin se basa en la fortaleza de la criptografía de clave pública para operar. Gracias a los algoritmos desarrollados sobre esta área, podemos operar con completa seguridad y garantizar que nuestras transacciones nunca se verán alteradas. Las direcciones que utilizamos para poder recibir dinero, la seguridad de la cadena de bloques y en definitiva el funcionamiento de Bitcoin, no podrían ser si no estuviera la criptografía detrás de todo el proceso. Estudiaremos también algunos temas un poco más avanzados como son las curvas elípticas y la computación cuántica.

- **Libro 4. Bitcoin en Profundidad**
  Desarrollaremos los conceptos de Bitcoin apoyándonos en las ideas que vimos en los libros anteriores, de modo que cuando lo finalicemos seamos capaces de entender el papel de Bitcoin como nueva moneda dentro del sistema financiero mundial y las implicaciones que esto tiene. Todas las piezas del puzle que no hayamos explicado completamente o las dudas que nos puedan haber surgido en libros anteriores, quedaran resueltas. Nos adentraremos también en las nuevas aplicaciones que están surgiendo al calor del protocolo Bitcoin y veremos que no es solo dinero lo que tenemos entre manos.

- **Libro 5. Integración en Aplicaciones**
  Es la parte práctica de nuestro programa de estudio, veremos qué necesitamos para integrar nuestras aplicaciones con Bitcoin utilizando diferentes APIs de programación que hacen el proceso casi un juego de niños.

Acerca del Autor

Probablemente llegados a este punto, alguien pueda preguntarse quién soy yo (cosa por otro lado del todo lógico y comprensible) y cuál es mi interés y motivación por el mundo de Bitcoin. Para satisfacer esta curiosidad, aquí dejo esta pequeña carta de presentación y dejo en manos del lector, la valoración que de este libro y de los siguientes, quiera realizar.

En primer lugar, me llamo **Santiago Márquez Solís** y nací en Madrid, y la informática ha sido mi pasión desde que mis padres me regalaron, cuando era chiquitín, un **ZX Spectrum**. Desde el momento en que aquel ordenador cayó en mis manos, supe que dedicaría mi vida a trabajar con ellos y ahora mismo, llevo **casi 20 años de carrera profesional**, que se dice pronto. Probablemente si alguien me pidiera que usara una palabra para definirme profesionalmente usaría la palabra **polifacético**, porque a pesar de tener un trabajo "oficial" durante estos años, siempre me las he ingeniado para realizar **labores paralelas** que me enriquecieran profesionalmente aunque no fueran mi trabajo principal, fundamentalmente estas labores paralelas han sido tres: el desarrollo de proyectos freelances, la formación técnica y el desarrollo de videojuegos.

Mi actividad profesional oficial no es ningún secreto, y está disponible para cualquiera que quiera consultarla en mi perfil de Linkedin, aunque por resumirla un poco, en los últimos años trabajo en la gestión de **aplicaciones económicas** de un importante organismo público, como consultor de proyectos en carácter de **personal externo**. El tema del dinero, por ese lado me toca muy de cerca.

El desarrollo de proyectos freelance y la formación técnica, es algo que de vez en cuando surge, uno ya tiene sus años y conoce a mucha gente en el sector, y a veces te ofrecen oportunidades de hacer algo diferente, porque seamos sinceros, el trabajo normal, y aunque trabajes en Google yo creo que acaba por pasar, acaba por ser monótono. Estos proyectos son bocanadas de aire fresco, que ayudan a no dejar de lado la evolución tecnológica, algo que como ingeniero creo que es indispensable nunca olvidar.

Aunque lo que a mí más me apasiona, además de Bitcoin, **son los videojuegos**. Supongo que como a muchos otros jóvenes de mi generación, casi pioneros, porque fuimos de los primeros en disponer de un ordenador en casa, una de las posibilidades que más me fascinaron era la creación de juegos, de hecho con él hice mis primeros pinitos en ese mundo, creando un pequeño juego del tipo "**Arkanoid**" en Basic, aunque el juego realmente serio que creé, fue una aventura conversacional llamada "**Diatmar**", que se publico en la ya extinta revista "**Microhobby**" en la sección del "**Mundo de la Aventura**" comandada por el inolvidable Andrés Samudio.

Entonces...

Con un emulador de Spectrum todavía se puede jugar a Diatmar y descargártela desde **World of Spectrum**

A posteriori cree un pequeño juego llamado "**House**" con la herramienta **3D Construction Kit 2**, que resultó ganador de la segunda edición que la revista **Micromanía** realizó de aplicaciones construidas con este programa allá por el año 1993.

De aquel concurso gane un fantástico ordenador **Amiga 1200** que aún conservo, desgraciadamente **perdí el código del juego** y no he sido capaz de recuperarlo nunca, y ahora me encuentro **reescribiéndolo para Android**.

Unos cuantos años más tarde cree un sitio web llamado **goodForYourMind.com**, durante el año 2002 tuve alojado una serie de tutoriales de programación de juegos en C++, sin embargo, el tener montado los servidores en casa no resultó ser una buena idea y cuando me mudé, aquel proyecto quedó definitivamente abandonado.

Después de aquello y de manera esporádica he publicado artículos relacionados con el tema en diferentes medios, los últimos de ellos fueron en la revista "**Todo Programación**" en 2006, sobre la creación de juegos para móviles con J2ME.

Mi andadura por el mundo de los videojuegos continúa en 2012, cuando fundé la empresa **z-games.es ltd**, dedicada al desarrollo de juegos de **tipo independiente** para dispositivos móviles. A través de esta empresa llevo publicados tres juegos: los remakes de "**La Aventura Original**" y de "**La Guerra de las Vajillas**" y un juego original y de cosecha propia llamado "**Talking with God**".

Sin olvidar **#CalleBitcoin**, un juego del que hablaré un poco más adelante. Por cierto, en "La Guerra de las Vajillas" la moneda que usa el Imperio, en sus intentos por acabar con los Rebeldes sin Causa, es ni más ni menos que Bitcoin, un guiño simpático que quise incluir y que sustituye a los créditos iniciales que se utilizaban en la versión Spectrum.

Ilustración 2 La Aventura Original

Pero es que también me gusta escribir, y tengo publicado otro libro, "**La Web Semántica**", lo escribí cuando cree el sitio web "**laWebSemantica.com**", que es el resultado de la primera parte de un viaje que comenzó cuando inicié mis estudios de Ingeniería Técnica en Informática de Gestión en la Universidad Politécnica de Madrid hace ya algunos años y que luego amplié en la Universidad Oberta de Cataluña como Ingeniero en Informática.

Durante todo este tiempo, la tecnología en general (incluido los videojuegos) ha sido para mí un mundo completamente fascinante, la revolución que ha supuesto para la Sociedad el uso de Internet (aún recuerdo con cierta nostalgia, cuando estando en los primeros cursos en la universidad, conocí Internet gracias al navegador de texto lynks) y las herramientas que se han forjado gracias a ella me han permitido ampliar mi espectro de conocimientos y experiencias.

Ilustración 3 La Guerra de las Vajillas

Durante todo este tiempo, la tecnología en general (incluido los videojuegos) ha sido para mí un mundo completamente fascinante, la revolución que ha supuesto para la Sociedad el uso de Internet (aún recuerdo con cierta nostalgia, cuando estando en los primeros cursos en la universidad, conocí Internet gracias al navegador de texto lynks) y las herramientas que se han forjado gracias a ella me han permitido ampliar mi espectro de conocimientos y experiencias.

Entonces…

La Web Semántica estaba accesible originalmente en: http://www.lawebsemantica.com

Ahora ya no está en funcionamiento. Aunque si tienes mucha curiosidad puedes usar el buscador archive.org y por allí quedan algún registro de lo que publiqué en su momento

¿Cómo llega un fanático de los videojuegos a Bitcoin? Pues por **casualidad**, así de simple. Las teorías económicas siempre me han gustado, y me gusta leer todo lo que cae en mis manos sobre estos temas. Un día en un foro, encontré una referencia al paper de Nakamato y me pareció brillante, aunque de difícil implementación práctica, desde entonces, con mayor o menor grado de atención, nunca he perdido de vista a Bitcoin, hasta que llegados a este punto creo que es necesario darlo a conocer más que nunca, sobre todo por el empeño que hay en que no triunfe.

Lógico, cuando acabes de leer este primer libro entenderás el porqué.

Actualmente todos mis avances y logros profesionales, los dejo reflejados en la web:

www.santiagomarquezsolis.com

Los Proyectos #CalleBitcoin, y MeetBMadrid

Tal es mi empeño en que Bitcoin sea conocido que hace unos meses, en colaboración con otro buen puñado de entusiastas que compartimos grupo en Facebook y en donde se encuentra mucha gente que "reparte el bacalao" del mundo Bitcoin hispano, resulta que uno de ellos, **Felix Moreno**, se le ocurrió que sería una buena idea intentar montar en Madrid, algo similar a lo que ya sucede en Alemania, Estados Unidos u Holanda y que consiste en tener un grupo de comercios agrupados físicamente y donde es posible comprar usando Bitcoin.

En nuestro caso el objetivo era ni más ni menos que

convencer a los comercios de **la Milla de Oro Madrileña, la famosa calle Serrano**, una de las calles más importantes y lujosas, ya no de Madrid sino de todo el mundo.

Así que respondí a la petición que se hizo en el grupo pidiendo voluntarios que quisieran colaborar con el proyecto y me presenté en la primera reunión de la iniciativa #callebitcoin, que tuvo lugar en el restaurante doEat, uno de los primeros que tenían instalado un cajero Lamassu (ahora salvo error por mi parte está ubicado en el centro comercial ABC Serrano) y que permite operar con Bitcoin. Total que nos propusimos recorrer la calle Serrano y ver que podíamos sacar de todo esto, con un objetivo claro en mente, convencer al mayor número de comercios posible para que aceptaran Bitcoin y tener un día Bitcoin, al que llamamos **Día B.**

El **día 3 y 4 de Octubre de 2014** fueron finalmente los días elegidos para que la iniciativa #CalleBitcoin diera sus frutos. Algo de lo que tenemos que sentirnos muy orgullosos.

Pero, ¿os he dicho que el tema de los videojuegos es algo que me apasiona, verdad? Uniendo mi pasión por Bitcoin y por los videojuegos, para ayudar a promocionar el evento de **#CalleBitcoin, puse en la Google Play**, el juego #CalleBitcoin.

Este juego sigue el mecanismo popularizado por el famosísimo Flappy Bird, aunque en vez de utilizar un pajarito e ir pasando entre tuberías, lo que tendremos que hacer es que un valiente y aguerrido Bitcoin, pase entre las señales de la calle Serrano, con un fondo madrileño muy castizo, que junto a la típica música de chotis madrileño, amenizaran nuestro viaje por el juego.

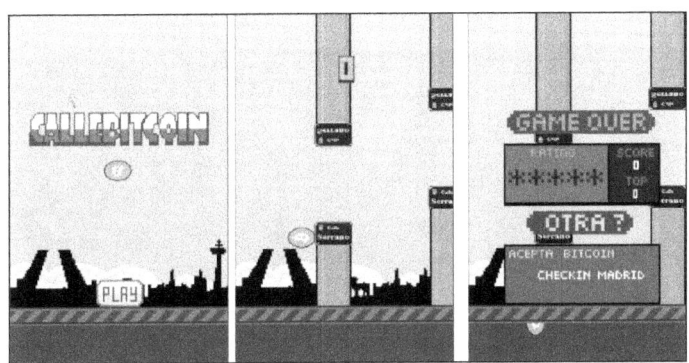

Ilustración 4 #CalleBitcoin

Cuando nos maten tendremos información sobre alguno de los muchos comercios que en la calle Serrano permiten pagar con Bitcoin.

Dejo aquí un par de fotos del grupo en su primera reunión:

Ilustración 5 Primera reunión de los voluntarios de #CalleBitcoin

Y del material promocional que fuimos entregando durante el verano a cada uno de los comercios que visitamos.

Ilustración 6 Material Promocional de #CalleBitcoin

También después del verano, decidimos como un medio para dar continuidad a lo iniciado en el proyecto #CalleBitcoin, crear un punto de encuentro para que todo aquel que vive en Madrid y le apetezca charlar sobre Bitcoin, aprender un poco más y compartir sus experiencias con nosotros pueda hacerlo, por ese motivo comenzamos una serie de reuniones y encuentros presenciales. Inicialmente organizados en el **MediaLab de Madrid**, donde realizamos los tres primeros, ahora mismo quedamos en el **Broker Café** junto al estadio de futbol Santiago Bernabéu.

Estás quedadas las organizamos a través de la página **MeetUp.com**, y desde aquí os invito, no os dé vergüenza el ir, si vives en Madrid no tienes excusa para no hacerlo. Pasamos un rato muy divertido hablando sobre Bitcoin y conociendo gente que siempre resulta de lo más interesante e inspiradora. Ahhh, que se me olvida poneros la dirección para que estemos en contacto ;-):

www.meetup.com/Encuentro-Semanal-Bitcoin-Madrid

Ilustración 7 Página del MeetUp

Espero veros pronto en alguno!

Creo que con esta pequeña carta de presentación, sabrás un poco mejor quien soy y cuáles han sido mis motivaciones.

Agradecimientos

En primer lugar **a mi abuela**, por haberme criado, y a mi **madre** por haber trabajado para sacarnos a mi hermano y a mi adelante, e inculcarnos una cultura del esfuerzo y del trabajo, que hace que veas el mundo de un modo muy diferente.

También a mis dos hijos, **Sofía y Jesús**, sin ellos nada de lo que hago tendría el mismo sentido.

Y mi mujer **Encarna**, que se ocupa de todo lo demás y deja que yo pueda cacharrear y aprender, sin ella, nada sería igual.

Tengo que darle las gracias a mi amigo **Alberto Gómez Toribio**, una de las personas técnicamente más competentes que he tenido el placer de conocer, y que actualmente está detrás de una importante startup, **Coinffeine**, que revolucionará la forma de intercambiar dinero dentro de la red y los activos financieros. De momento ha conseguido ser la primera empresa del mundo constituida íntegramente en Bitcoin y que una entidad de la talla de Bankinter haya invertido en ella. Muchas gracias por tus sabios consejos.

Sin duda, a quien quiera que sea **Satoshi Nakamoto**, por habernos hecho ver la luz.

A todos los que trabajan porque Bitcoin siga adelante, incluidos aquellos a los que he tenido el placer de conocer durante la puesta en marcha de la iniciativa #CalleBitcoin y que siguen trabajando para que los Meetups de Madrid sean un éxito, a Félix, Eva, Antonio, Fernando, Jaime, Luis, Alex… y algún que otro seguro me dejo en el tintero y que sepa disculparme y no se enfade conmigo (o mejor que me mande un mail y me lo diga y actualizo el texto ;-)).

Y como no, a todos los que de un modo u otro influyen en mi vida, y hacen que yo sea quien soy.

Y sí y también a Él.

A todos ellos muchas gracias por su paciencia conmigo.

LIBRO 1

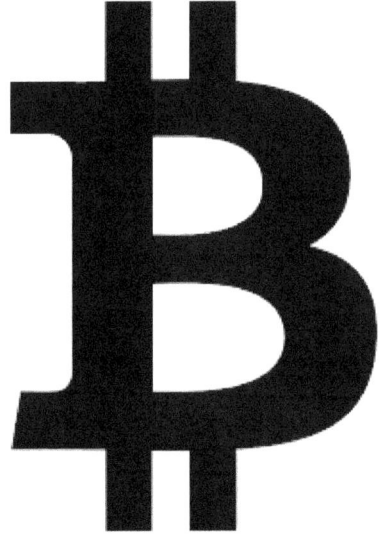

Aunque todos estamos acostumbrados a manipular el dinero, por regla general, si nos ponemos a hablar con cualquier persona sobre él, además de sentirse bastante incómoda, resultará paradójico que algo de vital importancia para el desarrollo de nuestra vida diaria, sea tan desconocido.

Y no me refiero sólo a sus orígenes, sino fundamentalmente a su funcionamiento, al papel que juegan los bancos centrales, el porqué la inflación y su control resulta tan importante, qué es el precio del dinero, porqué liquidez y rentabilidad influyen de manera diferente, porqué devaluar una moneda es un acto que debería de preocuparnos y en definitiva a conocer las reglas del juego, del **juego del dinero**, valga la redundancia.

El desconocimiento de estas reglas es, en mi modesta opinión, la principal razón por la que gran parte de la población nunca llega a fin de mes, y pasa la mayor parte de su vida endeudada, viendo al dinero cómo un problema, más que cómo lo que realmente es, **un medio de intercambio de bienes y servicios**.

Tal vez Bitcoin, se convierta en una de las llaves que permita que podamos liberarnos y llegar a obtener la tan ansiada libertad financiera que todos buscamos o al menos deberíamos intentar buscar y más ahora, en donde, la palabra crisis y recesión económica, están a la orden del día.

Y es que, nos guste o no nos guste, el dinero **es una institución social**, y es el mecanismo inventado para organizar las actividades económicas de una sociedad, y como todos los inventos creados por el hombre, tiene sus cosas buenas pero también sus defectos, y aunque estamos acostumbrados a tener mejores coches, mejores casas, mejores comunicaciones, mejores ropas, y alimentos de mejor calidad, pocas veces nos hemos planteado a que esto mismo debería ser aplicable al dinero. **¿Es no sólo posible sino además deseable, tener una moneda de calidad?** Creo que Bitcoin puede ser también la respuesta, a todos los que nos hemos hecho alguna vez, esta pregunta, y a pesar de sus lados oscuros y de la incertidumbre que aun existe, puede que nos encontremos ante una revolución comparable solo a la propia Internet, y esta revolución no es otra que la **separación entre el Estado y la Moneda**.

Es muy fácil decir que la culpa de todos los males la tiene el dinero, personalmente yo no comparto esa opinión, creo sencillamente que es un problema de entender cómo funciona el sistema y comprender cómo la Economía, nos guste o no, es algo que nos afecta a todos, **y si no somos capaces de entenderla/o**, ¿cómo vamos ni tan siquiera a intentar cambiarla/o de un modo inteligente y efectivo?

Si te has llegado hasta este libro es probable que tu principal motivación solo sea desarrollar aplicaciones y las cuestiones más filosóficas o sociales sobre la moneda te den más o menos igual, es decir, lo mismo te da que sean Bitcoin o dólares, lo que te interesa es el desarrollo de aplicaciones en sí, si este es tu caso, pasa directamente al segundo libro 2, a partir de ahí comenzamos a entrar en las diferentes criptomonedas y en Bitcoin en particular, dejando estas cuestiones a un lado.

Pero si quieres sacar todo el potencial que puedas de Bitcoin y entender que significa que una criptomoneda sea el medio de intercambio de masas o cómo su tecnología base puede llegar a cambiar el orden social, es un buen momento para hacer un alto en el camino, y aunque este libro no es un curso de economía ni de finanzas (y tampoco lo pretende), y espero que los puristas en economía me perdonen si las explicaciones no son todo lo académicas ni rigurosas que pudieran gustarles, **yo no soy economista sino ingeniero**, aunque me considero alguien con bastante sentido común, por lo que he tratado de explicar todas las cosas del modo más sencillo y simple posible para que se pueda entender sin problemas, huyendo de todo aquello que pueda complicarnos la vida.

He intentado, siempre que he podido, añadir cuestiones y preguntas que debemos de hacernos referente a que sucedería con tal o cual cosa, si el uso de Bitcoin llega a generalizarse, y fijaros que digo preguntas, no respuestas, **yo carezco de muchas de ellas**, tengo mi opinión personal al respecto forjada por mi experiencia y te lo hago saber desde este mismo momento.

Creo que cada uno de vosotros debéis de llegar a crear vuestra propia opinión, por tanto vuestro aporte personal será tan importante como puede serlo el mío, considerarme si queréis como un **sherpa**, alguien que ha recorrido la montaña antes y sabe dónde está, sino el mejor camino, al menos uno de los más seguros para llegar a la cima, pero sin presumir de conocer todos los entresijos y recovecos, la gracia es que juntos lleguemos (como decía el filósofo) no a mi verdad ni a la tuya, sino a la verdad, o al menos a lo más parecido que ésta pueda ser y como quiera que sea, creo que podemos conseguirlo o al menos acercarnos bastante.

Probablemente este primer libro pueda ser el más controvertido, porque mis opiniones sobre cómo funcionan los Estados, sobre políticos, porque considero que la deuda es algo perjudicial, bancos centrales y el porqué justifico que Bitcoin será un éxito, **puede no coincidir con la tuya**, o incluso puede que alguna explicación en un intento por simplificar lo haya hecho tanto que resulte demasiado obvia, pero no olvides una cosa, todo el que llega a Bitcoin o cualquier otra criptomoneda, debe de verse **como un pionero en territorio inexplorado.**

Los escenarios posibles que pueden aparecer en los años próximos no están para nada claros, aunque los indicios parecen apuntar a que **Bitcoin será algo muy importante,** hay quien dice que es una burbuja y que acabará por estallar, otros que es una moda pasajera, otros que la propia base de su modelo deflacionista lo hará caer y colapsar, o que otras criptomonedas como Litecoin son mejores.

Sin embargo, hay otros que opinan que es el **medio necesario que hacía falta para reestructurar el sistema económico mundial y dar el siguiente paso evolutivo.**

¿Quién lleva razón? Si he decidido escribir todo estas páginas y dedicar muchas horas a ello, es porque firmemente **no creo que estemos ante una moda pasajera.**

El tiempo nos dirá hasta que punto estaba en lo cierto, en cualquier caso, lo que si vas a lograr es hacerte una opinión sólida sobre la situación que se vive en estos momentos y poner tu granito de arena.

Si entidades financieras españolas como **Bankinter** (en la startup española Coinffeine) o **BBVA** (en la startup americana Coinbase) han decidido meter capital riesgo en empresas que trabajan con Bitcoin, debe ser sinónimo de qué algo al menos les inquieta, ¿no os parece?

Por no decir, que 2014 a pesar de ser el peor año de Bitcoin (si sólo nos fijamos en el precio claro), ha sido el año en donde se han invertido **más de 500 millones de dólares, en startups involucradas con el desarrollo de la criptomoneda**.

Da que pensar.

¿Qué espero conseguir con lo que voy a contarte? Lo más importante de este primer libro es explicar porque creo que Bitcoin es revolucionario, para ello parto del funcionamiento básico del dinero y de lo que significa su uso en la Economía, y trato de poner en contexto, en un momento como el que actualmente vivimos, la llegada de las criptomonedas en general y de Bitcoin en particular. Estoy seguro que entonces, entenderás mucho mejor, las diferencias que presenta con el dinero tradicional y porqué es tan especial, y serás capaz de diferenciarlo de sus competidores.

Además, los acontecimientos que han sucedido recientemente a lo largo de 2014, **como es el cierre de Mt.Gox, el robo en Bitstamp o Bter** y las prohibiciones por parte de algunos países, que intentan por todos los medios de criminalizar el uso de Bitcoin, hacen más que necesario la existencia de libros como éste que expliquen de un modo sencillo, porqué es necesario que Bitcoin triunfe, **es necesario acercar Bitcoin a la gente** y que se entienda como funciona si queremos que llegue a imponerse y a generalizarse como moneda de masas.

Incluso en el caso de que esto no llegue a suceder y quede como un mero experimento monetario, aún queda otra parte si cabe más importante, y es como la **tecnología de la cadena de bloques**, puede ayudarnos a crear una nueva generación de aplicaciones que pueden reordenar la Sociedad.

Pero ¡oye!, esto es solo un consejo, obviamente si todo lo que cuento aquí te resulta conocido, lo que te decía antes, puedes ir al libro siguiente, en donde explico qué es el dinero electrónico y las múltiples variantes que vas a encontrar por ahí, en cualquier caso, vuelvo a insistir, no dejes de leer este libro en algún momento, más de una cosa te sorprenderá.

A modo de conclusión de esta introducción, me quedo con una frase, aparecida en Enero de 2015 en el **Wall Street** Journal, sobre el potencial de Bitcoin y donde los autores **Michael J. Casey y Paul Vigna** dicen:

"Bitcoin es radicalmente nuevo, un sistema descentralizado de la manera que la sociedad gestiona el intercambio de valor. Es, sencillamente, una de las innovaciones más potentes en las finanzas de los últimos 500 años"

Para abrir boca, no está nada de mal el comentario.

Qué es lo que veremos:

- El Origen del Dinero
- Algunos Conceptos Básicos
- El Patrón Oro
- El Dinero Fiduciario
- El Proceso de Creación del Dinero
- ¿Tú estás tonto o qué?
- Las Monedas Complementarias.

- Algunas Curiosidades Históricas
- En Resumen

1. El Origen del Dinero

Pero empecemos por el principio...

El origen del dinero es casi tan antiguo como la propia civilización, y apareció a lo largo del periodo **Neolítico**, de un modo gradual y paulatino, que avanza a medida que las relaciones, entre los seres humanos y las transacciones que se realizan entre ellos, se vuelven más complejas.

Aunque la frase pueda resultar escandalizadora a más de uno, **el dinero surgió para facilitarnos la vida y mejorar nuestras relaciones.**

Durante el periodo Neolítico, al principio, no existía el dinero, la forma en la que unos humanos "hacían negocios" con otros, era a través **del intercambio o trueque**. Este sistema, era más que suficiente al principio, pero implicaba que se dieran la **doble coincidencia de necesidades**, o dicho de otro modo, que lo que yo tengo para cambiar y lo que necesito, coincidiera con las necesidades de otra persona.

Puede que yo sea un cazador y tenga pieles y quiera

zanahorias, pero el agricultor que tiene las zanahorias, en ese momento no está interesado en las pieles, sino que necesita vasijas de barro, luego o encuentro a un agricultor con zanahorias y necesidad de pieles, o no tendré zanahorias. Cómo se ve por este ejemplo tan tonto, hay una serie de problemas que se resumen en:

- los intercambios dependían de la demanda de cada individuo en cada momento, por tanto **no se pueden adaptar a las urgencias inmediatas** de estos (¡Yo, quiero zanahorias ya!)

- hay un problema relacionado con el valor de los productos y las **equivalencias** entre ellos, sería algo así a responder a la siguiente pregunta: ¿a cuántas zanahorias equivale una piel?

- también tenemos el problema de que **no todos los bienes son igualmente de fáciles de intercambiar**, las zanahorias se pueden llevar en una cesta, las pieles pueden requerir un transporte más complicado.

- cómo hay que buscar a alguien para hacer casar los intereses de los participantes en el intercambio, el proceso **puede ser muy lento y difícil**, igual el agricultor que quiere pieles y tiene las zanahorias, está a dos días de viaje de mi casa.

Con el paso a una sociedad cada vez más necesitada de bienes y servicios, el trueque no podía funcionar debido a estos problemas, obviamente no desapareció de la noche a la mañana, si no que fue sustituido progresivamente por el uso del dinero, lo más probable es que cada pequeña comunidad desarrollara su propio tipo de dinero (cocos, piedras o lo que fuera) hasta que acabó extendiéndose y generalizándose su uso.

Veamos cómo se pudo producir este proceso...

Volvamos a nuestro cazador y sus pieles, resulta que el agricultor no necesita las pieles, pero si vasijas de barro, y da la casualidad, que el cazador ha encontrado un alfarero que necesita de las pieles pero no tiene zanahorias. Una posibilidad es que el alfarero intercambiara con el cazador las pieles por las vasijas y luego éste, fuera al agricultor e intercambiara las vasijas por las zanahorias, o incluso que agricultor y alfarero hubieran coincidido y hubieran solucionado el intercambio entre ellos solos, para perjuicio del pobre cazador que se queda sin zanahorias.

Pero también pudo suceder, y es aquí donde aparece algo parecido al concepto del dinero, que el cazador y el alfarero **llegaran a un acuerdo**.

Es decir, el cazador no se llevó las vasijas, al fin y a la postre, hemos dicho que uno de los problemas del trueque, es precisamente la dificultad en el intercambio de algunos bienes, aparte de que el cazador no estaba interesado en las vasijas más que para realizar un intercambio a posteriori ¿y si para llevar las vasijas hubiese necesitado de un burro? ¿O si en el transporte, una se cae y se rompe?

En este caso, el alfarero le pudo dar un papel, un trozo de madera o "**algo**" (y fácilmente transportable) que equivaliese al valor de las pieles por las vasijas y el reconocimiento por parte del alfarero de que ese "algo" valía las vasijas que hubiera negociado con el cazador. Ahora nuestro cazador puede llevar este "algo" al agricultor. El cazador cambia el "algo" por las zanahorias, y el agricultor puede ir al alfarero, en otro momento, llevar el "algo" e intercambiarlo por las vasijas en el valor previamente acordado.

Parece claro, que será este "algo" lo que acabará por convertirse posteriormente en el dinero, pero sigamos viendo la sociedad de entonces y cambiemos "algo", que es un término muy abstracto, y supongamos que se usó un trozo de madera.

Y es que el agricultor pudo volver hasta el alfarero y cambiar su trozo de madera por las vasijas, pero también pudo suceder, que antes de cambiarlo, le surgiera otra necesidad, y se encontrase con otra persona (qué también tenía necesidad de vasijas), a la que se lo dio, por lo que es probable que algunos de estos trozos de madera, **no llegaran nunca a su emisor original**, es decir, al alfarero que lo emitió, sino que se quedaran circulando en el circuito de intercambios, gracias a que eran demandados por otras personas, debido a su **liquidez**.

Y en esta situación se mantenían, hasta que llegaban a desaparecer, por regla general por dos motivos: **su destrucción o su pérdida de valor.**

La destrucción:
Puede deberse a muchas causas, el simple paso del tiempo hace que la madera se descomponga, pero también se pudo perder y no encontrarse nunca. Hoy en día es algo común, que cada poco tiempo los billetes cambien y se tengan que imprimir nuevos y retirar los que están deteriorados (para ser sinceros, también porque aparecen nuevos mecanismos para evitar la falsificación, como ha sucedido recientemente con los billetes de 5 y 10 euros).

Incluso Bitcoin no ha sido ajeno a esta situación, como veremos, al principio de ponerse en marcha, algunos de los primeros mineros encargados de producirlos, perdían sus billeteras cargadas de Bitcoin por la simple pérdida de su clave privada. Es probable que aquellos gustosos de especular, cuando Bitcoin superó los 1000 euros al cambio por Noviembre de 2013 se hayan tirado de los pelos ;-).

La pérdida de valor (devaluación):
Se refiere a que el trozo de madera, en donde se dijo que valía, por ejemplo 5 vasijas, ya no tenga sentido, 5 vasijas es demasiado poco para hacer un intercambio razonable por nada.

Tampoco debemos olvidar, que no solamente en este sistema están operando agricultores, cazadores, o alfareros, también se encuentran en él metidos otras personas dentro de la sociedad, como pudieran ser los reyes o monarcas, los cuales en vez de utilizar un trozo de madera como nota, pudieron usar otros elementos de mayor valor como metales preciosos, siendo estos, y más **concretamente el oro y la plata**, por su aceptación universal, los que primeramente fueron utilizados como dinero y se acuñaron como **monedas**.

De este modo, pasaremos de usar la tabla de madera y cuyo valor se expresa en vasijas, a usar monedas que valdrán una cierta cantidad de oro o de plata.

De toda esta historia que acabamos de leer, si nos tuviéramos que quedar con algo en la cabeza, sin lugar a dudas, yo me quedaría **con el acuerdo al que llegaron el alfarero y el agricultor para usar el trozo de madera como mecanismo de intercambio**, porque ahí reside la clave de lo que es el dinero y si alguien nos preguntase una definición rápida de lo que éste es, probablemente una de las mejores que podríamos dar, sería esta:

"Cualquier cosa que los miembros de una comunidad, están dispuestos a aceptar como pago de bienes o de deudas dentro de una economía."

Entonces...

A lo largo de la historia, el dinero ha tenido muchas formas, hay catalogados unos 50.000 tipos diferentes de dinero primitivo: collares de conchas marinas o de caparazón de tortuga, cocos (se usaban en los mares del Sur), las hachas de cobre en el mundo Azteca (herramientas-dinero) o el chocolate. Por ejemplo en África, se utilizaba como dote en los matrimonios las puntas de lanza. En el antiguo Egipto una novia valía ocho vacas. En Norteamérica, se utilizó "los cobres" con forma de escudos por los indios, y junto con las mantas servían tanto para conseguir esposas como en las ceremonias y rituales. En las islas Carolinas del Pacífico se usaban piedras.

La palabra "salario" tiene su origen en la palabra latina "salarium" o "pago de sal" o "por sal", en el Imperio Romano, era común pagar a los soldados con sal, la cual valía su peso en oro. El motivo del valor de la sal, era debido a su capacidad conservante de los alimentos.
Entre mis favoritas está el Ray, la moneda piedra de la isla de Yap, y de la que os contaré una divertida historia cuando lleguemos al libro 4 y la comparemos con Bitcoin

Y casi sin darnos cuenta hemos llegado a otra palabra clave: **Economía**.

Si no hubiera Economía no habría necesidad de dinero.

1.1.   ¿Qué pasa con la Economía?

Me imagino que coincidiremos cuando digo que tanto agricultor, como alfarero, como cazador o incluso los monarcas (y tú mismo por supuesto), parten de un hecho común, y es que **sus recursos son limitados** y que todos ellos tienen necesidades que cubrir y que esas necesidades no pueden ser cubiertas por ellos mismos y necesitan de la relación con otras personas. Ni el cazador tiene todas las pieles que quiere ni produce zanahorias, ni el alfarero todas las vasijas, etc., sin embargo, todos intentan conseguir sus objetivos ¿cierto?

Pues ni más ni menos **esto es la Economía**, o mejor dicho, de lo que trata la Economía, de entender cómo las personas consiguen obtener el máximo beneficio, a partir de sus recursos limitados y por tanto, para conseguirlo, no queda otra que **administrar** de un modo eficaz y eficiente los bienes de los que disponemos, utilizando para ello y mayormente, el dinero como mecanismo de intercambio. Y esto es independiente de si somos un monarca, un Estado o un simple ciudadano de a pie, **la Economía nos afecta a todos y cada uno de nosotros.**

Es más, todos y cuando digo todos, es **TODOS**, en mayor o menor medida en la Sociedad, actuamos como **productores** (¿yo productor?, si, si tú o qué crees que haces cuando estás trabajando si no es otra cosa que producir) o **consumidores** de bienes y servicios, y en función de nuestras necesidades y de la demanda y oferta de los bienes disponibles, los precios de los mismos se fijan, dando lugar a la **Economía de Mercado**. Los productores y los consumidores, cada uno en su papel, son el **Motor de la Economía**, y ésta necesita de ambos para funcionar.

Cuando no administramos de una manera eficaz y eficiente nuestros bienes para conseguir lo que queremos, lo único que conseguimos es ir al desastre, por el simple hecho de que no conseguimos maximizar lo que obtenemos a partir de nuestros recursos limitados, **y esto es una máxima de la vida, que deberían de enseñarnos en la escuela**. Aunque claro, algunos dirán que siempre podemos endeudarnos y comprar a plazos, pero eso es otra historia de la que ya hablaremos.

Simple sentido común.

Entonces...

Creo recordar que fue Will Smith (el actor) quien tiene una frase que me gusta mucho y que dice: "gastamos dinero que no tenemos (nos endeudamos), para comprar cosas que no necesitamos (y satisfacer necesidades en el corto plazo irreales), para aparentar ante personas a las que no les importamos." Demoledor, ¿no?

Ahora bien, el mundo se ha convertido en algo muy complicado, y para poder explicar lo que sucede en la Economía, ésta se divide en dos partes, la **microeconomía** y la **macroeconomía**.

La microeconomía está pensada para estudiar el comportamiento de los individuos, de las familias y de las empresas grandes o pequeñas, su objetivo es tratar de entender porqué producimos o vendemos tal o cual cosa, y porqué gastamos o invertimos de tal o cual manera.

En nuestro ejemplo del cazador, sería preguntarnos ¿porqué quiere zanahorias y no lechugas? ¿Compra siempre zanahorias? ¿Qué hace con las zanahorias, se las come o las cambia por otra cosa?

La macroeconomía es más o menos lo mismo, pero el objeto de estudio solo es un poco más grande. En macroeconomía se suma el efecto de todas las actividades económicas de todas las familias, empresas y también del sector público, con el objetivo de ver que se ha producido o consumido en conjunto, en que se ha invertido, que se ha exportado o importado, etc.

Entonces...

Hay quien argumenta que la Economía surge por nuestro deseo de ser felices y conseguir aquello que queremos. Razón, desde luego, no les falta!! ¿Pero qué pasa con la moral? ¿Y si lo que a mí me hace feliz hace desgraciado a otro? ¿No debería la Economía estar sustentada en unos valores? ¿y si son los Estados, los políticos, banqueros y entidades financieras las que no respetan esos valores?

Como resultado, nos devuelve un indicador llamado **Producto Interior Bruto (o PIB),** que nos ayuda a saber cómo vamos de riqueza a nivel nacional y a establecer comparaciones con el resto de países, y como además se mira también como afecta la inflación, los tipos de interés y el desempleo, tenemos un termómetro bastante bueno.

Pero darme un par de páginas que cuento algunas cosas adicionales y luego volvemos sobre el PIB y las implicaciones que una moneda como Bitcoin puede tener con él.

1.2. La Aparición de la Moneda

¡Vale!, nos ha quedado claro que es eso de la Economía y cómo es algo que va de la mano de la misma sociedad y qué si no estuviéramos en un mundo limitado y con necesidades que satisfacer, para poco nos serviría el dinero. Como el trueque no es, como ya hemos visto, un elemento que permita dinamizar y hacerla más ágil, es necesario algo que facilite la realización de los intercambios, y es aquí donde vamos a detenernos ahora un poquito para ver cómo aparecieron las monedas y las ventajas que trajeron consigo.

La aparición de las monedas, supuso un paso adelante en la utilización del dinero por parte de la Sociedad, tenían unas ventajas intrínsecas cómo eran la **facilidad de transporte** o su **durabilidad**.

Las monedas se creaban a partir de un **metal base** (como el cobre, no se solía utilizar el hierro porque a pesar de su dureza tiene el problema de que se oxida) al que se le añadía cierta cantidad de oro o plata, aunque también era común encontrarse con monedas hechas únicamente de uno de estos dos materiales.

Para garantizar que una moneda, contenía cierta cantidad de metal precioso, apareció la **acuñación**, algo así como una garantía o certificación, **realizada por una entidad reconocida y respetada** (cómo podía ser un reino) que avalaban el peso y calidad de los metales que las monedas contenían.

Esta acuñación, consistía en poner un distintivo o una señal sobre la moneda (por ejemplo hacer un agujero de un determinado tamaño en su superficie o poner una imagen de un animal o del monarca), que era fácilmente reconocible por todo el mundo, no olvidemos además que estamos en sociedades en donde el **grado de analfabetismo** era muy grande, era necesario que el dinero fuera suficientemente reconocible y fácil de entender por todos para generalizar su uso.

Entonces...

¿El Mundo al revés? Paradójicamente, hoy en día, la historia se repite y la mayor parte de la población mundial es analfabeta referente al dinero y a las cuestiones económicas, y pocos entienden los teje manejes que gobiernos y bancos centrales hacen con el dinero. Si antiguamente eran los propios monarcas los interesados en que su utilización fuera comprendida y aceptada, ahora parece que aquellos que deberían de velar por su buen funcionamiento, lo manejan en una nebulosa oscura en donde no queda muy claro que es lo que sucede en su interior.

En algunas monedas griegas se veían espigas de trigo o las cabezas de sus dioses, y las monedas romanas más antiguas llevaban estampadas dibujos de cabezas de ganado, aunque luego se utilizaron los bustos de sus césares.

Tampoco debemos de olvidar que ya entonces aparecería un problema que dura hasta nuestros días, la **falsificación**. En el mundo de Bitcoin, veremos que este problema recibe el nombre de **doble gasto**, y cómo mediante una cosa que llamaremos **prueba de trabajo** conseguiremos que no pueda darse o que en caso de qué alguien pueda plantearse hacerlo, no le resulte rentable llevarla a cabo (ni tan siquiera si es un Gobierno el que lo intentase hacer, y el porqué de meter a los Gobiernos en esta saca de falsificadores, lo entenderemos cuando hablemos de la Operación Bernhard casi al final del módulo).

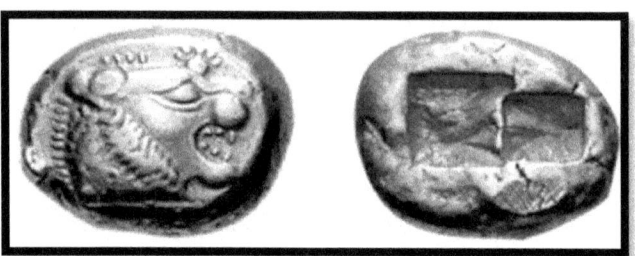

Ilustración 8 Estatero con Cabeza de León

Las primeras monedas que se conocen, se acuñaron en **Lidea** (Turquía) en el siglo VII a. C. siendo los primeros que introdujeron las monedas de oro y plata y las primeras tiendas de cambio (¿a qué os recuerda esto?).

Utilizaban para hacerlas, una aleación de oro y plata, que se conoce con el nombre de **electro**, que pesaba 4,76 gramos y era utilizado en la paga de los soldados, usando el **estatero**, que equivalía a 14,1 gramos de electro, es decir, que un electro sería aproximadamente un tercio de estatero.
Esta moneda de color ámbar tenía forma ovalada y para garantizar su autenticidad se estampaba en cada una de ellas la cabeza de un león, proceso que hacía que la moneda quedara aplanada y le daba una forma característica y única.

Durante el reinado de **Creso** (595 c. C.), rey al que se le atribuye el origen de la acuñación y considerado el hombre más rico de su tiempo por las conquistas de todas las ciudades de Anatolia, y en torno al 640 y 630 a. C., se crearon nuevas monedas de **puro oro o de pura plata**, que se utilizaron como medio estandarizado de intercambio.

La común utilización del oro, plata y cobre para su
fabricación, se justifica en las grandes riquezas del río
Pactol, en Lidia, que acarreaba en sí las pepitas de oro que
Creso utilizaba para la acuñación de sus monedas. Al ser
estos metales escasos para el común de la población,
permitía un control de volumen de producción y una
unidad representativa de gran valor intrínseco.

A esto se llama **dinero material**, donde el valor de la
moneda es equivalente al valor de su materia (de lo que
está hecho), o dicho de otro modo **su valor intrínseco era
igual al valor nominal** como veremos más adelante, de
momento nos basta con esto.

Ilustración 9 Denarios Romanos

Otras monedas primitivas famosas han sido la moneda de

China, el **Denario** romano y la **Lechuza** Griega. Es a partir de una derivación de la palabra denario de la que surge la palabra dinero.

1.3. La Aparición del Papel Moneda

El origen del papel moneda lo tenemos que buscar en la civilización china, durante la **dinastía Tang** en el año 845 a. C. El uso de la moneda implicaba llevar consigo algo pesado, por lo que se decidió crear algo más liviano y manejable, aunque estuviese construido en un material que tuviera menos valor (menor valor intrínseco) cómo es el caso del papel, pero que por decreto gubernamental valían una cantidad específica de oro o plata. Los encargados de emitir este papel moneda eran **los bancos privados por orden de los monarcas**.

En Europa el uso del papel moneda no se extendió hasta el año 1250 por Jaime de Aragón. Pero el valor que poseía dependía de los depósitos de oro que poseyera el país. Fueron en Suecia en 1661 cuando se imprimen los primeros billetes de banco, y en España es **el Banco de San Carlos**, el antecedente al Banco de España, el que en 1783 realiza la primera emisión.

A finales del siglo XVIII se produce el reemplazo de los bancos privados como emisores de papel moneda por los bancos centrales, y es en el siglo XIX cuando se establece un patrón internacional del valor del oro y el valor del dinero en papel a paridad, **el patrón oro** que contaremos luego.

Con esto acabamos nuestra pequeña historia sobre el origen del dinero, seguro que algún que otro detalle habré pasado

Ilustración 10 - Banco de San Carlos (Banco de España)

por alto, pero más o menos las cosas sucedieron como os he contado.

En el apéndice A tenéis una relación más completa de algunos años importantes con sus correspondientes acontecimientos en donde el dinero tuvo un papel protagonista.

2. Algunos Conceptos Básicos

Ya sabemos cuál es el origen del dinero, y cómo su invención **ayudó a crear una Sociedad más dinámica y con relaciones más ricas y complejas** y a tejer un universo en donde existen relaciones económicas que deben satisfacerse. Veamos a continuación unos conceptos que van a acompañarnos en el resto del curso, muchos de ellos estaréis cansados de oírlos por la televisión, pero esto no significa necesariamente que los entendamos, esperamos poner un poco de luz al asunto, ya os dije que he intentado simplificarlo al máximo para que nadie se pierda y se entienda de un modo muy sencillo, y allí donde ha sido menester, he ido añadiendo las oportunas referencias a Bitcoin para ir sentando el sedimento necesario para comprender todas sus particularidades, que de otro modo, bien pudieran pasarse por alto.

Además en muchas ocasiones, se utilizan estos mismos conceptos como arma para atacar a Bitcoin y proclamar su fracaso. En donde esto sucede, he explicado la manera en la cual dichas predicciones catastrofistas se equivocan argumentando el porqué de ello.

2.1. Liquidez

Volviendo a nuestra pequeña historia sobre el origen del dinero, hemos explicado que algunos tipos de notas de intercambio, cómo las notas en madera, permanecían en el circuito debido a su liquidez. Pero, ¿qué es la liquidez y qué significa?

Desde un punto de vista casi de colegio, la liquidez se refiere a la capacidad de convertir una cosa en otra, respetando tres propiedades: **rapidez, falta de pérdida de valor y temporalidad**. Cuanto más fácil sea realizar esta transformación, diremos que la liquidez es mayor o menor.

Un ejemplo, sacado de mi etapa de estudiante en el colegio (**yo también soy de EGB**), eran los cromos de Arconada (portero de la selección española de futbol) que se podían cambiar por otras cosas mucho mejor (por chapas de Coca-Cola u otros cromos, incluso un donut de chocolate en el mejor de los casos) por la popularidad de este deportista. Por tanto, el cromo de Arconada era más líquido que el de otro portero o jugador de futbol.

Aplicado sobre las notas de madera, la liquidez es la capacidad de transformar la nota en las vasijas, teniendo en cuenta que:

- **Rapidez**: Lo ideal es que se produzcan en tiempo real o en el menor tiempo posible, en el caso de las notas de madera, resultará un concepto relativo, ya que depende de cuan cerca estemos del alfarero que emitió la nota, pero suponemos que si estamos con él, el cambio de la nota por las vasijas se realizaría al momento.

- **Pérdida de Valor**: Si la nota originalmente valía cinco vasijas, cuando realice el intercambio por estas, el alfarero me tiene que seguir dando cinco vasijas, ni cuatro ni seis, exactamente las vasijas que me dijo. Esto veremos que en el mundo real no es exactamente así, y que siempre hay pequeñas (y a veces no tan pequeñas) fluctuaciones en el valor, siendo la inflación uno de los elementos determinantes en el precio de las cosas.

- **Temporalidad**: Puedo hacerlo cuando quiera, nada me impide ir a la tienda del alfarero y realizar el intercambio.

Hoy en día, ya no usamos tablas de madera como elemento de intercambio, sino que usamos el dinero para tal fin, pero la idea es la misma, lo que nos interesa es saber la liquidez de los activos, o su capacidad para convertirse en dinero efectivo. Por ejemplo, un inmueble como puede ser una oficina o un piso, tiene una liquidez muy baja si lo comparamos con un depósito bancario. Cambiar el piso por dinero, no es rápido y dependiendo de cuando lo compramos, puede suponer una pérdida de valor su venta. Convertir el depósito en dinero es tan simple como ir al cajero y sacarlo de allí (siempre y cuando la cantidad que queramos no se vaya de madre y haya billetes disponibles, luego entenderéis a que me estoy refiriendo).

La liquidez nos interesa porque actúa como una **medida contra la incertidumbre** ante acontecimientos imprevistos, si algo es muy líquido, sabemos que podré cambiarlo por otra cosa rápidamente, y ante eventuales problemas estaré un poco más protegido.

En el ejemplo del piso, si tengo un hijo enfermo y necesito el dinero para llevármelo a EEUU para operarlo, tendré que esperar a poder venderlo, mientras que si tengo el dinero en el banco, solo tendré que ir allí y sacarlo, por tanto, ante este eventual (y esperemos que improbable suceso) estoy más protegido en el segundo caso que en el primero.

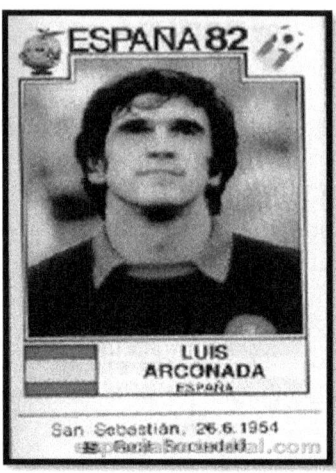

Ilustración 11Cromo de Arconada (Mundial de 1982)

Llevado al mundo empresarial, cuando se dice que tal o cual empresa tiene o no liquidez, lo que se nos está dando a entender, es la capacidad que tiene la empresa de convertir sus activos en dinero y hacer frente a sus obligaciones en el corto plazo, y siempre que oigáis obligación a corto plazo se refiere a lo mismo, **a la capacidad para pagar sus deudas**.

El pago de las deudas, es algo primordial no solo para las empresas, sino también para los Estados, y es en la capacidad de unos y otros para poder pagarlas, lo que fortalece la confianza tal y como explicaremos en breve, de momento que os vaya sonando la frase "**el dinero es deuda**". (Otra vez la palabra deuda).

El dinero, es de por si el activo más líquido que existe (¡ya es dinero!).

Ahora se ha puesto mucho de moda lo de tener primas, la prima de riesgo, es una que nos estamos enterando que teníamos y no lo sabíamos, pues con la liquidez hay otra, la **prima de liquidez**, que no es más que la medida que usamos para determinar cuánto de liquido es un activo.

Por ejemplo, teniendo en cuenta la naturaleza como moneda de Bitcoin, es muy normal que cuando se producen noticias sobre empresas que comienzan aceptarla como medio de pago, que su prima de liquidez aumente, es decir, al aceptarse en más sitios, su liquidez es mayor porque es más fácil intercambiarla por otras cosas.

Esto mismo sucedió, por citar un ejemplo muy conocido, cuando **Wordpress** decidió que aceptaba Bitcoin como moneda, el precio de Bitcoin subió de 11 dólares a 11,75 dólares, o dicho de otro modo, su prima de liquidez se incrementó en 0,75 dólares.

2.2. Una Reflexión: La Utilidad Marginal Decreciente

Paremos a refrescarnos y mientras bebemos un sorbito de agua (solo agua, el whisky antes del libro 2), veamos si somos capaces de responder a esta simple pregunta **¿porqué consideramos algo como valioso o porqué no lo consideramos como tal? ¿O porqué deberíamos considerar a Bitcoin como algo valioso?**

Esta es una pregunta, que yo muchas veces me he hecho

personalmente, y siempre que alguien me dice que tal o cual cosa vale mucho, me paro y lo miro bajo la perspectiva siguiente para ver si lleva o no razón (y os recomiendo que vosotros también lo hagáis).

Pero vayamos al meollo del asunto…

Para que un bien sea económicamente valioso, se tienen que dar dos coincidencias simultáneas en el tiempo: utilidad y escasez. El motivo por el cual el oro tiene valor para nosotros es precisamente por esos dos motivos, **es útil y es escaso**.

Con la escasez no creo que haya muchas dudas, **se refiere a que hay poco de algo**, el oro es valioso porque en la naturaleza no lo encontramos por todas partes.

La utilidad puede presentarnos alguna duda más, pero es también fácil de entender, ya que es una **medida del grado de felicidad o de satisfacción** que obtengo cuando consigo una determinada cosa.
Por ejemplo, para mí las palmeras de chocolate, que me como los viernes (y tienen que ser los viernes porque es cuando el hojaldre, la experiencia me dice que, está mejor) en la cafetería de mi trabajo, tienen una gran utilidad porque me aportan un nivel de felicidad difícil de explicar, y como me como una por semana pues tampoco me preocupo demasiado del colesterol.

Cuando se habla de **utilidad marginal**, tiene que ver con la apreciación o importancia que le damos a un bien cuando lo incrementamos. Por ejemplo, si tengo un reloj será genial, pero probablemente cuando tenga cincuenta relojes, el tener un reloj más, no le daré mucha importancia, es decir su **utilidad marginal, decrecerá**.

Y lo mismo se aplica a mis palmeras de chocolate, comerme una es genial, dos probablemente también, pero a partir de ahí, es seguro que no me sentiré demasiado feliz y acabaré con una indigestión casi con toda seguridad (y del colesterol mejor no hablar).

Gráficamente esto se ve muy bien con el siguiente dibujo, que muestra como decrece la utilidad marginal a medida que aumentamos la cantidad de un determinado bien (eje X de la gráfica).

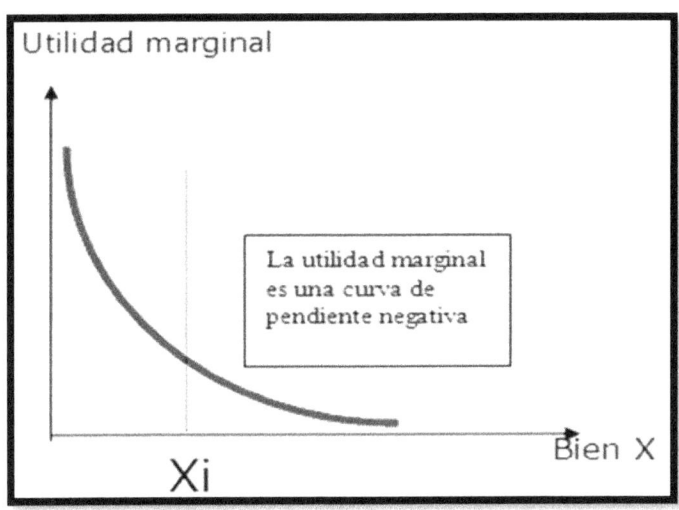

Ilustración 12 Utilidad Marginal Decreciente

Volviendo al caso del oro (aunque puede aplicarse a todos los metales preciosos), éste es considerado el bien cuya utilidad marginal disminuye más lentamente, **cada unidad adicional de oro tendrá casi tanta utilidad para quien lo posea y será valorado tanto como la unidad anterior**.

¿Te ha quedado claro? Muy bien, pues echa un vistazo al

siguiente cuadro, y empieza a reflexionar ;-):

Entonces...

La reflexión tenemos que hacerla en el contexto siguiente: si el oro tiene una utilidad marginal decreciente muy baja, y hemos dicho que esto es fundamental para determinar su uso cómo moneda y dar valor a las cosas ¿qué pasa con Bitcoin? ¿Es mejor cómo moneda?

El oro se deteriora, muy poco, pero lo hace, no deja de ser algo físico, Bitcoin no, es información.

Aumentar la cantidad de oro, aumenta el espacio y las medidas de seguridad, Bitcoin no necesita espacio adicional a mayor número de Bitcoin, y la seguridad la garantiza la criptografía.

Por eso se dice que la utilidad marginal de Bitcoin es constante, no cambia nunca, en detrimento de la del oro que es decreciente.

2.3. Sigamos Reflexionando: Ley de los Rendimientos Decrecientes

Supongamos ahora que somos el alfarero, y como tal nuestro trabajo consiste en producir vasijas que ponemos a disposición de quien las quiera comprar.

Ahora bien, para hacer una vasija necesitaremos un poco de barro, un torno de alfarero, leña, un horno de ladrillo (a poder ser refractario), agua y seguro que alguna que otra cosa más.

Pues todas estas **cosas que se utilizan para fabricar otras cosas**, es lo que se denomina como **Capital**, es decir, si nuestro buen vendedor tuviera que llevar las vasijas a un mercado y usara un burro para ello, el burro también sería capital, o sea que **no solo el capital es dinero**, es más, el conocimiento o las habilidades que tiene el vendedor de vasijas para hacerlas, también es capital, en este caso **capital humano** (ahora muy de moda).

Sigamos suponiendo y en un ataque de producción frenética, resulta que nuestro alfarero, pone todo ese capital en marcha, y se pone a fabricar vasijas o botijos las 24 horas al día, ¿qué sucedería? Pues además de acabar con un buen dolor de espalda, sucedería que acabaría **saturando el mercado**, y haciendo que el coste de producirlos sea mayor que el beneficio que obtuviera por ello, porque a la larga acabará teniendo que bajar el precio si es que quiere venderlos. Pero no solo esto, hemos dicho que partimos de una situación en donde existen recursos limitados, ni el alfarero puede trabajar las 24 horas al día, ni tenemos todo el barro, agua y hornos para mantener una producción constante e indefinida en el tiempo.

Puedo partir de unas reservas que tengo en el almacén, por ejemplo de barro y agua, pero cuando estas se acaben tendré que ir a buscar más, y puede darse el caso que si agoto (**la Tierra es limitada** no lo olvidemos) el pozo de donde saco el agua, tenga que ir a buscar más, más lejos, y por tanto más coste, y lo mismo aplica al resto de elementos del capital.

Esto es ni más ni menos, la **Ley o Principio del Rendimiento Decreciente**, y relaciona el beneficio que obtengo de algo y el coste que me lleva el producirlo, y viene a decir esto que acabo de explicar, que cuanto más produzco de un bien menos beneficio obtengo por ello o más cuesta producirlo.

Y esta cosa tan simple es la que determina que se produce o que no se produce en el mundo, intentando diversificar la producción de los bienes y servicios a fin de obtener el máximo beneficio de nuestros recursos limitados.

Quien decide qué y cuándo es una mezcla de lo que el mercado demanda y de lo que los Gobiernos determinan, y aquí es donde **encontramos pensamientos divergentes**, unos dicen que el Gobierno tiene que intervenir (porque quien mejor que los políticos para decidir que nos conviene), otros argumentan que es mejor que el mercado se regule solo por la ley de la oferta y la demanda y el ajuste natural de los precios. La realidad es que tenemos actualmente una mezcla de ambas cosas, un **modelo mixto** (**Keynesiano** dirán algunos), pero también un buen follón montado.

Igual que hicimos en el punto anterior, echa un vistazo al cuadro siguiente y piensa un poco en esto que te digo y trata de sacar tus propias conclusiones, después continúa leyendo.

Entonces...

Reflexionemos pues: ¿No es lo que hacemos al producir dinero sin control? Hacer que el coste de producirlo, supere con creces las ventajas de ponerlo en marcha. Ya veremos que en el futuro (entorno al año 2030) habrá cómo máximo 21 millones de Bitcoin, ya que la masa monetaria de Bitcoin crece siguiendo una progresión geométrica cada 4 años. Cuando hablemos de inflación y de la creación del dinero como deuda, quedará claro el significado que quiero darle a esto.

El último Satoshi, nombre que se da a la fracción más pequeña de Bitcoin y que como se divide hasta el octavo decimal equivale a 0,00000001 Bitcoin, se generará en el año 2140, y el poder de cómputo necesario para hacerlo será increíblemente alto.

No obstante, hasta que se llegue a ese valor, quedan muchos hitos importantes que conseguir.

2.4. Dinero de Curso Legal

Ha pasado un tiempo razonable desde el inicio de nuestra historia del cazador hasta nuestros días, y el dinero se encuentra formando parte de nuestra vida cotidiana, sin embargo, ¿por qué en España, tenemos euros en vez de dólares en la cartera?

Esto se debe a lo que se **denomina como moneda o dinero de curso legal o moneda corriente**, y no es ni más ni menos que la forma de pago, **definida por la ley** de un Estado, que se ha declarado aceptable (recordáis cuando al principio dimos una definición de lo que era el dinero) como medio de cambio y forma legal de cancelar las deudas (¡vaya! La palabra deuda otra vez por aquí (van tres en menos de cinco páginas), anda que si al final va a resultar que todo esto tiene que ver, con que estemos endeudados para que funcione la cosa). **Ósea el dinero de curso legal es el que puedo utilizar para comprar o vender cosas en un determinado país.**

Hay algunos casos, en donde podemos encontrarnos con más de una moneda de curso legal, cómo en El Salvador donde se usan tanto el dólar como la moneda nacional, o suceder como en el caso de Europa, en donde un grupo de países han acordado utilizar una moneda común como el Euro.

Entonces...

A la creación de dinero de curso legal también se la suele denominar Emisión.

Si la ley obliga a utilizar una sola moneda de curso legal como única forma de pago aceptable en un país, imponiendo un **monopolio monetario** (y todos sabemos lo bueno que resultan los monopolios para los usuarios de los servicios que producen), se dice que tenemos una moneda de curso forzoso.

Hay una frase muy buena, del **profesor Larry Parks**, y que os podéis encontrar a poco que busquéis por Google sobre las monedas de curso forzoso, la frase dice lo siguiente:

"Si el dinero es bueno y la gente lo acepta voluntariamente, ¿qué necesidad hay de leyes de curso forzoso? Si el dinero no es bueno, ¿cómo se puede en una democracia obligar al pueblo a utilizarlo?"

Esta frase tiene mucho sentido y enlaza con lo que os decía en la introducción del libro, estamos acostumbrados a que mejoren los coches, la ropa, las casas o la comida, pero no nos preocupamos, en que la moneda con la que obtenemos todas estas cosas, también mejore y sea la mejor posible.

Aquí está parte de la gracia de Bitcoin, en que **podemos utilizarla de manera voluntaria**, ningún Estado, ni ningún político nos tiene que decir si podemos o no hacerlo, es nuestra voluntad la que lo determina. Yo puedo poner a la venta este libro y puedo elegir cobrarlo en Bitcoin (no es el caso, pero de ejemplo me sirve), y tú puedes elegir pagarlo como tal, solo es tuya la elección de hacerlo, y sin necesidad de que nadie medie en el proceso y nos de su bendición y a cambio se lleve su parte.

Pero es que aún hay más, supongamos que hacemos el siguiente experimento y Bitcoin fuera aceptado como moneda de curso legal y conviviera con el dólar, el euro, y el resto de monedas mundiales, de manera que pudiéramos comprar o vender sin problemas, ¿qué sucedería en esta situación? Bueno pues hay quien dice que entraría en juego algo que se conoce como **las propiedades del buen dinero y el Principio de Gresham**.

2.5.   Las Cualidades del Buen Dinero

Cuando se habla del buen dinero, a lo que nos estamos refiriendo es a las propiedades que tiene que tener una moneda, **para cumplir en su misión como medio de**

intercambio de bienes y servicios. La definición más acertada, sobre las propiedades que debe tener el buen dinero, se atribuye a **Aristóteles.**

Ilustración 13 Busto de Aristóteles

Aunque se han venido redefiniendo a lo largo del tiempo, se pueden resumir en las siguientes:

- **Depósito de valor: Atesora** valor con el paso del tiempo.
- **Unidad de cuenta:** Debe permitir fijar el precio de los bienes y servicios.

- **Medio de cambio: Obtención** de bienes y servicios por él.

- **Invariancia física:** Las propiedades físicas no cambian a lo largo del tiempo.

- **Homogeneidad:** Todas las unidades deben ser idénticas entre sí.

- **Bajo ratio flow/stock**: El **flow** se refiere a la cantidad de dinero producido en un periodo de tiempo y el stock el dinero producido en toda la historia del mismo, si este cociente es muy grande se produce inflación y si es muy bajo deflación.

- **Empleabilidad**: Su formato debe ser práctico. Por ejemplo las piedras Ray que podían pesar varias toneladas, no parecen ideales para llevarlas en el bolsillo.

- **Accesibilidad:** Un gran número de personas deben ser capaces de utilizarlo.

La pregunta lógica que tal vez nos podamos hacer ahora que ya conocemos estas simples propiedades es recurrente a lo largo de este libro: ¿el dinero que usamos actualmente en nuestro día a día las cumple?

Hay a quien no le gusta Bitcoin porque dice que es algo virtual y que realmente no existe (¡cómo si el resto existiera!), pero pensemos en la inflación, ¿no parece lógico pensar que si yo no sé cuanto voy a poder comprar con una cantidad de euros (pongamos 100 o 1000 euros) al año que viene, no es un depósito de valor demasiado confiable? ¿No se está convirtiendo el dinero de curso legal simplemente como un medio de intercambio y porque nos obligan a ello?

Durante muchos años todas estas propiedades han sido las que han hecho del oro, como el mejor mecanismo disponible para el intercambio de bienes y servicios, aunque ¿nos dejaría Hacienda ir a pagar los impuestos con unas cuantas onzas de oro?

En cualquier caso, el oro tiene más que superado el **Teorema de Regresión Monetaria de Mises**. ¿Qué? ¿Qué nunca has oído hablar de este teorema? no te preocupes, voy a explicártelo porque aquí hay algo muy importante que debes de conocer, más que nada porque es otra de las armas que se usa contra Bitcoin.

Respóndeme a la siguiente pregunta **¿para qué se usa el oro?** (venga piensa que seguro que se te ocurre algo...), algunos ejemplos muy clásicos serían los siguientes:

- Joyería

- Medicina (implantes bucales y similares)
- Mobiliario (vajillas, cuberterías, muebles, etc.)
- Relojería
- Electrónica
- Automoción (airbags de los coches, etc.)
- Aeroespacial (cristales de las cabinas de los aviones, naves espaciales, satélites)
- …

Es decir, **el oro tiene una gran cantidad de usos** que van mucho más lejos del meramente monetario simplemente porque tiene unas propiedades físico-químicas que lo hacen muy versátil y **sería útil aunque monetariamente no lo fuera**, por tanto, como bien útil, se puede establecer un valor para el oro por poder desempeñar todas estas funciones.

Algo parecido sucede si en vez del oro cogemos otras monedas que se han usado a lo largo de la historia, como la sal (sirve para conservar los alimentos) o al ganado (nos lo podemos comer), etc.

Vamos ahora con el teorema…
El teorema de Mises, se debe a Ludwing von Mises (1881 – 1973) y dice algo tan simple como que para que un bien empiece a usarse como medio de intercambio, es necesario que tenga una demanda no monetaria previa que sirva para fijar el precio inicial desde el que arrancar, como le pasa al oro.

Mucha gente pensaba que Bitcoin no podía echar a andar nunca, precisamente porque no había forma de cumplir con el teorema, sin embargo, una vez más, para todos aquellos incrédulos que no lo veían posible, la realidad es que Bitcoin se está usando en todo el mundo.

Ilustración 14 Ludwing von Mises

Dado que muchos, no se quedan convencidos con la testaruda realidad, siguen argumentando que Bitcoin nunca podrá ser como el oro, y se basan en la imposibilidad de encontrarle usos que no sean monetarios, y **sostienen que fuera del sistema de intercambios no sirve para nada**.

Dicho de otro modo, si tenemos oro y el sistema monetario se fuera al garete, aún tengo algo que sirve para algo (valga la redundancia), tengo ciertas garantías de valor, sin embargo esto no sucede con Bitcoin. Pero nuevamente se equivocan y tienen poca visión de futuro, **es cierto que hoy Bitcoin solo tiene valor monetario**, pero olvidan que hay muchos grupos de trabajo creando capas adicionales por encima de Bitcoin, capas de las que hablaremos más en el libro 4 sobre los usos no monetarios de Bitcoin, aunque os adelanto algunas palabras que os contaré como **Bitcoin 2.0** y 3.0, **aplicaciones nativas, contratos y metacoins**, es decir, veremos el poder de la cadena de bloques para crear algo más que dinero.

Pero si aún así no se quedan satisfechos, investigando por Internet es fácil que lleguéis a dos tipos: **Nikolay Gertchev** y a **Peter Surda**, que explican éste comportamiento tan particular, diciendo que Bitcoin, en sus inicios, no tenía una demanda monetaria inicial, y que su valor estaba en servir a sus usuarios como medio de manifestación ante un sistema injusto (el bloque génesis de Bitcoin hace referencia a esto), por tanto su valor no monetario original estaría ahí, cierto que no es un valor que sirva para decorar la vajilla de palacio, o que nos podamos comer, o que sirva para conservar los alimentos, pero nadie puede negar que no sea un valor de peso.

Supongo que aún así seguirán sin estar convencidos, que le vamos a hacer ;-(

Y es que llegados a este punto muchos pensaran que **Bitcoin y el oro tienen grandes parecidos**, lo que es una gran verdad, aunque **Bitcoin es mejor que el oro**, no solo porque tenga una utilidad marginal constante, como ya comentamos, sino porque las funciones de servir como medio de pago, unidad de cuenta o reserva de valor las desarrolla de un **modo más eficiente** que éste.

Cuando hablamos de **medio de pago** nos referimos a las posibilidades para usarlo para pagar con él, tanto sus posibilidades de homogeneidad, como transporte o su divisibilidad no se ven afectadas como lo puede ser el oro. ¿Hay algo más homogéneo que los bits de información que en última instancia es Bitcoin? ¿Qué se transporte de un modo más sencillo que por las actuales redes de ordenadores? ¿Y que se pueda dividir hasta el octavo decimal (incluso se podría modificar el protocolo para que fuera divisible aún más) sin mayores problemas? Si pensamos en el oro, mover grandes cantidades requiere una logística importante, por no hablar de las medidas de seguridad previas que hay movilizar y su divisibilidad está limitada por la física.

¿Y de la **unidad de cuenta** que podemos decir? Es cierto que la actual volatilidad de Bitcoin, supone un problema para expresar precios, pero soluciones como las proporcionadas por **OKPay** son un modo de mitigarlo mientras el proceso de capitalización de Bitcoin acaba por consolidarse.

Desde mi punto de vista, esta volatilidad de Bitcoin **es solo un problema pasajero y con caducidad en el tiempo**. De no serlo, ¿tendría sentido que empresas como **Destinia, Expedia, Dell, Showroomprive**... por citar empresas que no son precisamente pequeñas, permitan que sus productos puedan pagarse usando Bitcoin? ¿Se han vuelto locas? ¿O no será que las potenciales ventajas de Bitcoin superan con creces sus actuales desventajas y limitaciones?

Cada vez más y más productos expresan su valor en Bitcoin, recientemente hasta **Virgin y sus viajes espaciales** se pueden adquirir con esta moneda, y es que da igual lo que busques, lo vas a encontrar expresado en Bitcoin.

Sino preguntárselo a **Austin Craig** y a **Beccy Bingham**, esta pareja estadounidense ha recorrido el mundo y sólo han utilizado Bitcoin en sus compras. ¿Alguien puede refutar este hecho?

Desde **CoinDesk** se estima que alrededor del mundo hay unos 60.000 comercios que lo aceptan ya y esta cifra no para de subir cada día y prevé un aumento sin precedentes en los próximos años.

De verdad, ¿están todos equivocados y apostando por algo que no tiene para nada futuro?

Si nos fijamos en la **reserva de valor**, las propiedades que se piden a un bien para que actúe de este modo ¿no las cumple Bitcoin? **Dificultad** de falsificación, la tiene y garantizada por la criptografía y el trabajo de los mineros, **escasez**, máximo 21 millones (y esto comparado con el oro es interesante, porque una vez se mine el último Bitcoin, no se generarán más, sin embargo **nadie nos dice que no se puedan encontrar nuevos yacimientos de oro en la Tierra, o quién sabe, tal vez en un futuro no muy lejano en la Luna o en Marte**), y **durabilidad**, salvo que apaguemos Internet y todo el mundo lo de la espalda, no parece que Bitcoin no haya venido para quedarse.

El punto más complicado de las anteriores cualidades (para mí incluso mayor que la volatilidad) esté en la **accesibilidad**, aunque el número de usuarios crece día a día, aún es necesario mucho esfuerzo y tiempo para que el grueso de la población mundial sea capaz de entenderlo y usarlo con la misma facilidad que el dólar o el euro, y es que aún hoy se requieren ciertos conocimientos técnicos, que aunque se han simplificado enormemente, pueden suponer una barrera de entrada, **un motivo más para no dejar de leer el resto del material ;-)**

2.6.   El Principio de Gresham

Y qué mejor que continuar con otro de los muchos ataques que se hacen a Bitcoin. Le toca el turno al Principio de Gresham.

El principio de Gresham se debe a un comerciante y financiero inglés del siglo XVI, cuyo nombre completo era **(Sir) Thomas Gresham**. Como comerciante y financiero que era, se fijo en una cosa curiosa, que si en un determinado país existían dos monedas de curso legal, y una era percibida por el pueblo como "**buena**" y la otra era percibida como "**mala**", la gente prefería pagar con la moneda considerada como mala, para deshacerse de ella, y guardar la buena.

¿Según este principio y en esta situación? ¿Qué moneda consideras como buena y cual como mala?

Hay quien dice, que el principio de Gresham **es el motivo principal por el que Bitcoin jamás podrá tener éxito** (otro más), por la sencilla razón que, quien tiene Bitcoin, los atesorará esperando a que la moneda siga revalorizándose

Ilustración 15 Retrato de Thomas Gresham

y utilizará el dinero "malo", para pagar en su operativa normal, y es más, lo avalan con el hecho de que la mayor parte de los Bitcoin que se han generado, en la actualidad no han sido utilizados nunca en una transacción económica y que a la larga, la moneda considerada como buena, por el hecho de ser guardada, acabará por desaparecer de circulación.

Es decir, paradójicamente el dinero malo acaba por sustituir al dinero bueno o como dicen los ingleses "**Bad money drives out good**"

Este argumento no deja de ser cierto dentro del contexto en el que se definió la ley de Gresham, sin embargo se olvida de los detalles particulares que afectan a Bitcoin y por lo que la ley de Gresham no tendría aplicabilidad sobre él:

- el primero en cuanto al volumen de Bitcoins utilizado, no debemos de olvidar que Bitcoins lleva en funcionamiento desde 2010 y que solamente en el último año y medio parece haber generado la suficiente expectación y conocimiento como para que la gente se vaya acercando a interesarse por su funcionamiento y posibilidades, por lo tanto, creo que aún es pronto para usar el volumen de transacciones que usan Bitcoin como argumento. Aunque dicho volumen, no para de crecer por hacer honor a la verdad.

- quien usa el principio de Gresham contra Bitcoin se olvidan que Gresham hablaba de monedas físicas, y compuestas de un determinado material, que **era devaluado por la ley**, en esta situación, la percepción de bueno o malo si tendría sentido porque era el Estado con su intervención quien influía en la percepción. Sin embargo, Bitcoin no es una moneda cuyo valor lo fije un Estado o un banco central, por lo tanto la percepción de lo buena o mala que es, no está controlada por nada ni nadie en particular. Si la gente actualmente atesora Bitcoins es simple y llanamente porque estamos en el **proceso de capitalización de la moneda**, situación que se estabilizará a futuro.

- Y una vez estabilizada ¿qué sucederá? **La gente no atesora el dinero para no usarlo nunca** (tal vez el tío Gilito o el señor Cangrejo de Bob Esponja, pero para el común de los mortales no es lo habitual), y que algo sea mejor mañana no significa que espere hasta mañana para comprarlo si tengo la necesidad hoy, dicho de otro modo, el gasto de Bitcoin se producirá en tanto en cuanto, **las cosas que podamos adquirir con ellos representen un valor mayor que el hecho de guardar el dinero de manera indefinida**. Esto mismo pasa con prácticamente cualquier cosa que podamos comprar, por ejemplo un coche o un ordenador, somos conscientes que el ordenador o el coche que me compre hoy quedará obsoleto en dos o tres años (el ordenador incluso antes), sin embargo no espero ese tiempo si tengo la necesidad de comprarlo y esa compra me satisface una necesidad real hoy.

2.7. El Proceso de Capitalización

Vamos a ver si soy capaz de explicar esto de los procesos de capitalización sin meterme en demasiados jardines, porque es precisamente en el momento en el que Bitcoin se encuentra y entenderlo ayuda a clarificar mucho las cosas.

Los procesos de capitalización tienen que entenderse **siempre en el contexto de cambio**, en la manera de hacer las cosas de un modo para pasar a hacerlas de otro diferente porque con el cambio obtendremos **una mejora significativa** y **un beneficio mayor**. Sin embargo, el proceso de cambio **no es gratis**, implica siempre un costo porque significa que **renunciaré a la inversión que hice** en algún determinado momento para obtener lo que actualmente quiero cambiar.

Esto se ve muy bien con el clásico ejemplo de sustituir personas por máquinas, adquirir las máquinas tiene un costo, pero con el cambio espero que mi empresa sea más productiva al sustituir la mano de obra humana y podré vender más barato. Pero al hacerlo, puede que tenga que sacrificar la inversión en formación que he venido realizando en los trabajadores que van a ser sustituidos. Gano por un lado, pierdo por otro, lo que importa es que el resultado de la balanza sea positivo.

Por tanto, cuando entramos en un proceso de este tipo, lo voy a hacer porque espero que a la larga, la jugada resulte ganadora, por simple sentido común, **nadie juega pensando en perder,** aunque el riesgo de perder, inherente a cualquier actividad humana, exista, siempre intentaré escoger la opción que me reporte el **mayor beneficio con el menor coste** (la idea básica que hay detrás de la economía que ya hemos explicado).

Hay quien dice que es mejor no cambiar, **pero no cambiar también tiene un coste,** mantener las cosas inalterables supone **perder oportunidades**, si las cosas se mantienen siempre igual, no puede haber progreso y si no hay progreso, antes o después lo que **nos espera es pobreza**. Es decir, el cambio, produce movimiento, el movimiento produce avance (progreso) y el progreso nos acerca a nuestros objetivos de maximizar el beneficio.

Los procesos de capitalización suelen ser lentos, y dependen tanto del ahorro como de las inversiones que se realicen para adquirir el nuevo capital. Y precisamente esto mismo es lo que está sucediendo con Bitcoin, está en proceso de capitalización, de adquirir la fortaleza necesaria para ser el elemento que nos permita pasar de un dinero malo y de curso obligado por los Estados a otro dinero bueno y de uso voluntario por las personas.

¿Podemos permitirnos no cambiar? Si no queremos acabar en la pobreza, indudablemente no podemos seguir como vamos.

2.8.   Porqué nos debe de importar el PIB al hablar de Bitcoin

Ya sabemos que en Economía, lo que mide la riqueza de un país es el Producto Interior Bruto, en donde desde un punto de vista muy simplón, lo que se hace no es más que una simple resta entre los ingresos y los gastos del país y se determina si tenemos **déficit** (saco más que meto) o **superávit** (meto más que saco).

¿Por qué nos importa el valor del PIB?, pues muy sencillo, porque en función de cómo esté éste valor, las políticas monetarias van a ir en un sentido u otro, por eso hay que vigilarlo siempre, y es más si alguno está conectado a plataformas de trading, veréis que este indicador siempre tiene un peso muy importante y hace que el valor de los divisas respecto a sus pares varíen notablemente en función de la información publicada. A modo de ejemplo muestro en el gráfico, la evolución del PIB español en los últimos años:

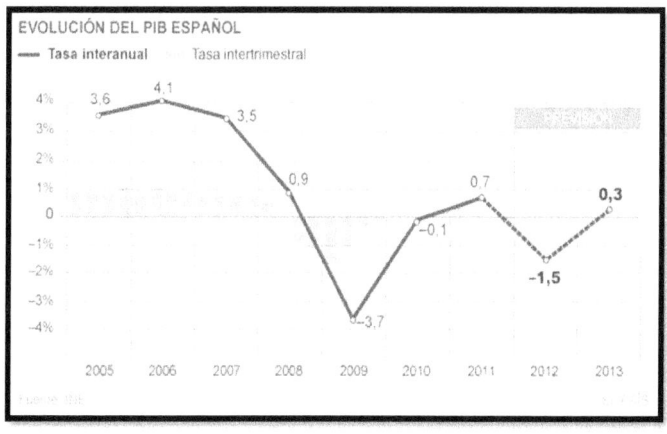

Si tengo un PIB alto, significa que hay mucho dinero en ese país en movimiento, y un PIB bajo significa que hay poco dinero (las cosas fueron mal en España en 2009, ¿verdad?), y que se producen pocas transacciones económicas.

El PIB interesa mucho a los Gobiernos y a los políticos, porque lo contabilizan siempre **sumando los ingresos que se producen,** y es por eso que siempre les interesa saber todo lo que una persona gana, de este modo pueden poner los impuestos correspondientes, algo que pueden hacer sin mayores problemas, puesto que **estamos en todo momento identificados**, y ¡ay de ti!, si en la próxima declaración de la renta, se te ocurre ocultar algo.

Tanto tu **salario,** como las **rentas** que percibes por tus propiedades (y de las que también pagas impuestos), los **intereses** que percibes por tus ahorros o por tus inversiones o los **beneficios** que obtienes por arriesgar tu dinero (y que has obtenido por el rendimiento de tu trabajo o porque has invertido con buen tino), todo, todo, todo (como diría el anuncio) está gravado por impuestos.

Y aquí tenemos uno de los motivos por los que se tiende a generar dinero y crear inflación, cuando los Estados no tiene suficiente dinero para financiarse a través de los impuestos, se saca dinero de la chistera y se paga con él las obligaciones que cómo Estado tiene: sanidad, defensa, educación, infraestructuras, etc.

Las alarmas de que algo no va bien se producen cuando tenemos dos lecturas seguidas (lo que se traduce en dos trimestres seguidos) en donde el PIB disminuye, por lo que el Estado pone en marcha **su política fiscal** (que es la que actúa sobre los impuestos) y **su política monetaria**, que afecta sobre todo a los tipos de interés y por tanto al valor de la moneda.

Ahora bien, ¿qué sucedería si estamos en un panorama en donde nuestro anonimato está garantizado en cada transacción económica que realicemos y en la que el Estado no puede interferir? ¿Qué pasaría con el PIB de ese país si fuera la manera generalizada de hacer negocios? **¿A la postre no tratarían los Estados de ir en contra de ese medio de libertad o intentarían criminalizarlo comparándolo con la economía sumergida?**

¿Y si resulta que son los ciudadanos los que deciden en qué infraestructuras invertir y deciden que un aeropuerto en Ciudad Real no es necesario, ni líneas de alta velocidad a troche y moche, que el dinero para defensa se puede destinar a investigar o que se pueden prescindir de tantos políticos y ejércitos de asesores que los acompañan y el Estado puede quedar reducido a su mínima expresión o desaparecer?

Aunque cuando nos centremos en el capítulo dedicado a Bitcoin propiamente dicho, veremos **qué hay de cierto en el mantenimiento del anonimato** (y tal vez sería más adecuado hablar de **pseudonimidad**), pero suponiendo por ahora que se produjese sin cortapisas, personalmente no soy capaz de imaginarme una Sociedad así, ni el cómo podría llegar a funcionar, de verdad que me cuesta verlo, aunque intuyo sus beneficios y posibilidades, tampoco estoy haciendo un llamamiento al anarquismo (tal vez al **criptoanarquismo** ;-)), pero estoy convencido que en algún momento tomaremos la pastilla azul (¿es Bitcoin la pastilla azul?), y al igual que hizo Neo en Matrix, **despertaremos y nos daremos cuenta de hasta qué punto estamos siendo engañados y estafados de manera sistemática**.

> **Entonces…**
>
> Lo del aeropuerto de Ciudad Real y las líneas de alta velocidad, son algunos ejemplos de despilfarros que la casta política española, nos tiene acostumbrados a hacer a costa de nuestros impuestos y de endeudarse.
>
> Y lo peor es que ninguno acaba en la cárcel o si lo está es un tiempo mísero y siempre sin devolver lo que se llevó. Eso sí, no seas capaz de pagar tú la hipoteca o un préstamo porque no tengas trabajo, que verás que rápido los jueces intervienen.

Sigamos viendo más cosas y volvamos sobre estas reflexiones a medida que avanzamos…

2.9.   Activo y Masa Monetaria: De M0 a M4.

Hasta ahora, hemos estado hablando siempre de bienes y servicios cómo los elementos que las personas demanda u ofrecen, sin embargo, la palabra que suele utilizarse en el mundo económico para ello es la de activo.

Un activo es por tanto, un bien o servicio, con capacidad funcional y operativa que se mantiene durante el desarrollo de una actividad socioeconómica específica.

A lo largo de lo que queda de libro, utilizaré tanto la palabra activo, como bienes y servicios de manera sinónima.

Los economistas dividen los activos en diferentes tipos según sus características y propiedades, y podéis encontraros con nombres como activo circulante, financiero, intangible, no corriente…, pero para el caso es exactamente lo mismo, un bien o un servicio, y dado que para nuestro estudio no es necesario definir mucho más de esto, no entraré yo en esos berenjenales.

Otra cosa que para nosotros resulta más importante, es que relacionado con el concepto de activo, podéis encontraros con el término Masa Monetaria, que se correspondería con la cantidad de dinero que hay disponible en una Economía para poder comprar bienes o servicios, en definitiva, para comprar activos (gastando o invirtiendo). El control de la masa monetaria por parte de los bancos centrales incide tanto en la actividad económica como en la inflación.

Para medir la masa monetaria, se utilizan una serie de medidas que se denominan M0, M1, M2, M3 y M4, siendo M0 la medida menor y la M4 la mayor. Vamos a verlo con un poco más de detalle:

- **M0:** Es el dinero que circula en la economía y se define como la cantidad de billetes y monedas en manos de los ciudadanos, además del dinero que los bancos tiene en sus cajas, y depositado en el banco central. Asociado con M0 está la medida MB, que es similar a M0 pero teniendo en cuenta solo el dinero que está emitido, pero sumando la cantidad de monedas y billetes que el banco central tiene retenidos.

- **M1:** Es el dinero que circula en la economía, incluyendo M0, y sumando los depósitos corrientes de los ciudadanos, es decir, las cantidades que los ciudadanos tienen fácilmente accesible para gastar.

- **M2:** incluye M1 y sumando los depósitos existentes a corto plazo que los ciudadanos tienen en el sistema financiero, es decir, el dinero y sus substitutos más o menos a corto plazo, normalmente definido con plazos de hasta un año.

- **M3:** Incluye M2 y sumando todos los depósitos, incluyendo depósitos a más largo plazo.

- **M4**: Incluye M3 y sumando los depósitos adicionales, como pueden ser los depósitos que extranjeros tienen en el país y los depósitos de los ministerios gubernamentales.

Actualmente, la masa monetaria mundial se sitúa en torno a **60 trillones de dólares** (dólar arriba, dólar abajo), valor que sigue creciendo tal y como vemos en la siguiente imagen (**no olvidéis la forma de la imagen porque luego volveré sobre ella**) y que mucho nos tememos no tiene intención de dejar de crecer:

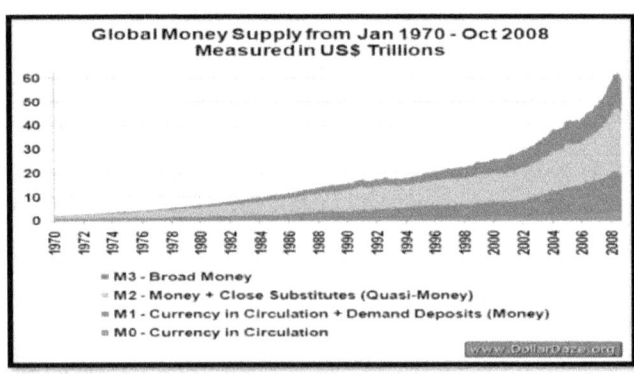

Ilustración 17 Masa monetaria mundial (Fuente dollardaze.org)

¿Qué significa esto para Bitcoin?

Pues algo clave y que iremos comprendiendo a medida que leamos más, pero por adelantar, en uno de los cuadritos grises que tenemos a lo largo del texto, comentaba que el número total de Bitcoin que habrá en el futuro, **será de 21 millones**, y que la mayor parte de esa cantidad se alcanzará alrededor del año 2030, a partir de ese momento, el poder computacional para resolver la complejidad del problema para extraer nuevas monedas (para descubrir un bloque, y tranquilos que en el libro 3 y 4 explico todo esto con sumo detalle) será tan elevado que la minería solamente tendrá sentido para unos pocos.

En cualquier caso, esto significa que **la cantidad de dinero disponible está prefijada de antemano a este valor**, y lo que es más importante, al no poderse crear más, el poder adquisitivo de las personas que los posean no disminuirá por efecto de la inflación. En el siguiente gráfico (fijaros la diferencia sustancial en la forma del gráfico con respecto al anterior) podemos ver el número de Bitcoin minados a día de hoy (Enero 2015), es decir, como va creciendo la masa monetaria:

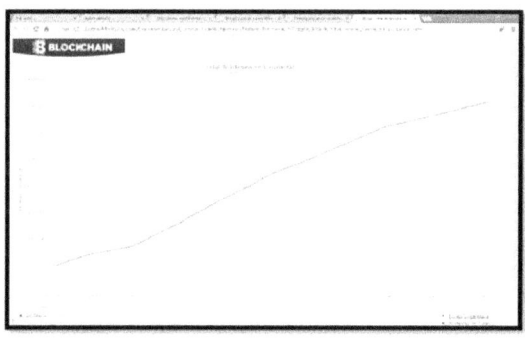

Ilustración 18 Total de Bitcoins circulando (Fuente blockchain.org)

Y ponerlo en contraste en como la **dificultad** para crear nuevas monedas, crece de manera exponencial:

Ilustración 19 Aumento de la complejidad (Fuente Blockchain)

Al suceder esto, es decir al entrar el Bitcoin en deflación, y dado que tiene la posibilidad de dividirse hasta el octavo decimal o **0,00000001 (1 satoshi)** se producirá un ajuste de los precios, y unidades como el **microbitcoin** comenzarán a tener sentido (¿cobraremos nuestro salario en microbitcoins?, se haría realidad el dicho de que tenemos salarios microscópicos).

Y sin olvidar, que para 2030, siguiendo el volumen actual de impresión de papel, no quiero pensar la cantidad de billetes que habrá en circulación que literalmente no valdrán nada o poco más que nada, y si no queremos darnos cuenta de esto, basta con hacer un poco de repaso a la Historia de la Humanidad, pero si no queréis perder tiempo buscando, en el final del módulo podéis echar un vistazo a lo sucedido **en Hungría en 1946 y en Zimbabue a principios de este siglo**, para entender que puede suponer una emisión masiva de papel, y esto no es algo que nos estemos inventando, es simplemente una lección de Historia que obviamente nadie quiere que aprendamos.

2.10. Volatilidad

Es una medida de **la frecuencia e intensidad** de los cambios del precio de un activo, cuantos mayores son los cambios que se producen en este precio, mayor es la volatilidad. Aquí vamos a descubrir que los conceptos básicos de estadística que nos enseñaban en el colegio resultan muy útiles, y es que de un modo muy técnico se define como la desviación estándar de dicho cambio en un horizonte temporal específico, aunque usualmente suelen usarse datos mensuales.

Es una medida que se utiliza para cuantificar el riesgo, dado que lo que se calcula es una desviación, podemos saber y por tanto medir cómo la rentabilidad se ha desviado de su media histórica.

Si **la desviación es alta** significa que la rentabilidad ha tenido fuertes variaciones, y por tanto el riesgo y una pérdida potencial es mucho mayor, debido a los altibajos.
Todo lo contrario sucede con **la baja volatilidad**, en este caso la rentabilidad ha sido más estable en el tiempo. La rentabilidad por sí sola no sirve de mucho, y se suele utilizar cómo valor adicional para realizar comparaciones la media, de manera que con estos dos datos se pueden uno hacer una idea más precisa de la situación.

Pero cuidado con esto porque puede llevarnos a un error, la volatilidad es un dato sobre el riesgo pasado, no sobre el riesgo futuro, aunque es cierto que si algo fue volátil en el pasado, es probable que siga siéndolo en el futuro, ya sabemos que la historia tiene la manía de repetirse.

No es de extrañar encontrarse con artículos como el aparecido en **CNNMoney** durante el mes de Mayo y titulado "**Strategist Predicts End of Bitcoin**" en donde estas circunstancias se utilizan para argumentar el fin de Bitcoin.

Ahora mismo Bitcoin es una moneda sumamente volátil, e invertir en ella **debe ser considerada como un elemento de alto riesgo**, riesgo que a medida que se va popularizando y conociendo se va mitigando y por tanto, su volatilidad tenderá a estabilizarse. En este sentido, os recomiendo echar un vistazo al documento aparecido en la revista Forbes en Abril de 2013, que bajo el sugerente título de "**An Illustrated History of Bitcoin Crashes**" analiza la volatilidad de Bitcoin.

De hecho acontecimientos tan importantes como fue el cierre de Silk Road (ver más adelante en este mismo libro) supusieron una fluctuación en el valor muy pequeña, y qué se recuperó prácticamente al momento, en comparación con la magnitud de la noticia y el bombo que en los medios que se dio, y la asociación de Bitcoin como moneda para la ciberdelincuencia.

Es cierto, que aún las noticias tanto positivas como negativas afectan mucho su cotización, por ejemplo durante el mes de noviembre de 2013, hemos visto como crece el interés de China por Bitcoin, o incluso funcionarios americanos o el mismísimo **Bernanke**, han reconocido el potencial de Bitcoin en un futuro, lo que supuso que la moneda pasara de valer unos 200 dólares a más de 1.000 dólares en menos de un mes (burbuja, burbuja!!!, gritan muchos), con caídas hacía atrás de más de 400 dólares en cuanto los mismos chinos han empezado a poner trabas.

¿Por cuánto tiempo seguiremos en esta pauta? Solamente el tiempo nos lo podrá decir.

A medida que la volatilidad se va estabilizando, tenemos más garantías del éxito de Bitcoin a futuro. Y aunque haya quien dice que con una moneda tan volátil es difícil que las tiendas acaben por aceptarla como medio de pago porque es difícil fijar los precios de los productos, solo hay que echar un vistazo a la relación de tiendas que a día de hoy no tienen problemas en operar con ellas.

Es decir, que el principio del buen dinero de servir como **unidad de cuenta** (que es lo mismo que decir que el precio de un producto determinado pueda expresarse en Bitcoin), no parece que no esté garantizado o al menos no parece que sea algo que preocupe a estos establecimientos que ponen sus productos a la venta a cambio de Bitcoin, ni tampoco importa a los que compran que al fin y al cabo buscan reducir el coste de la operación en el momento de hacerlo, y el valor futuro mañana no es algo de lo que se preocupen.

Se podría argumentar, no obstante, que la volatilidad va en contra del principio de **depósito de valor**, pero esto solo debería de preocuparnos si el Bitcoin solo fuera un medio de atesorar valor, y no se utilizase para el intercambio.

Por todo esto, augurar el fracaso de Bitcoin basándose únicamente en la volatilidad no me parece muy acertado y deja muchas otras variables fuera.

2.11. Devaluación

Pocos de nosotros nos paramos a pensar lo que supone la devaluación de la moneda, y lo que conlleva alterar el valor del dinero en la economía, leí una vez una reflexión que me gustó mucho, creo que fue en el blog **de elbitcoin.org** cuando en un post apareció la frase:

"¿alguien se imagina lo que supondría para la arquitectura alterar el significado del valor del metro? Pues esto que es impensable en la arquitectura, es el pan nuestro de cada día en el mundo económico. "

La devaluación consiste en la pérdida de valor de una moneda en comparación con algún patrón establecido, ya sea el precio del oro u otras monedas que sean más fuertes, como tradicionalmente ha sido el uso del dólar.

Se entiende muy bien con el ejemplo que usa la **Wikipedia** para definirlo: partimos de la situación inicial y poseemos 100 unidades de un bien y que dichas unidades valen 1 euro, por tanto, tenemos 100 euros en circulación respaldados cada uno de ellos por una unidad del bien. Si aumento en 100 unidades más las monedas que hay en circulación (ahora tenemos 200) tenemos tres escenarios posibles:

a) **Incrementar el valor de los bienes para que valgan 200 euros**: Esto es complicado, ¿cómo incrementas el valor de un bien? Mejorando la **productividad** necesaria para producirlos, podría ser una opción, pero mira que cuesta hacerlo.

b) **Sacar de circulación 100 euros**: A ver quién es el listo que les quita a las personas que posean los 100 euros creados las monedas, y sin darles nada a cambio. Vamos ni de broma.

c) **Darle un valor a la moneda de 50 céntimos**: Es la opción más sencilla, devalúo el valor de la moneda para adecuarla al valor real del bien que tengo, no toco la productividad ni le quito nada a nadie (eso que te lo crees tú, porque no le quitas la moneda cierto, simplemente le quitas la cantidad de cosas que puedes comprar con ellas)

Lo más curioso de las devaluaciones, es que son los bancos centrales y los países que respaldan a una moneda, los que deberían velar por tener una moneda fuerte y saneada, sin embargo sucede que el aumento de la inflación y la puesta en marcha de más papel, hacen todo lo contrario, la debilitan.

Y lo peor es que parece como si a nadie le importase, porque aunque nos digan que las devaluaciones son buenas para las exportaciones (y malas para las importaciones) y que se crea empleo, porque es más barato comprar nuestros productos, ¿realmente se llega a compensar? ¿Llegamos a ser tan verdaderamente productivos y competitivos y vendemos tanto al exterior que nos sale a cuenta?
Igual soy un poco ignorante, pero pienso por ejemplo en los productos que vienen de China, hoy por hoy devaluar la moneda ¿nos permite competir con ellos por ejemplo? ¿No estaremos siendo tan estúpidos que simplemente les salimos más baratos para que sean ellos los que acaben comprando nuestro sistema productivo (nuestras empresas y nuestra deuda) y a la postre se queden con todo? Y dejando de China a un lado, ¿qué pasa con el petróleo que se paga en dólares? ¿Devaluamos el euro? ¿Podríamos permitírnoslo?

2.12. Tipo de Interés

Los tipos de interés forman parte de la política monetaria que los Estados realizan y cuyo objetivo es fijar **el precio del dinero**, aunque creo que resulta más claro decir, que los tipos de **interés es el precio que se paga por usar dinero**, al fin y al cabo el dinero no es más que otro tipo de bien, un tanto especial porque es el que usamos para hacer nuestros intercambios, pero un bien más. Este precio por el dinero se paga siempre a los bancos, que son los que a la postre nos lo dan, amablemente, a través del **crédito** y del **endeudamiento**.

Se supone que si los intereses son bajos, nos animaremos a pedir dinero, mientras que si son altos, procuraremos no hacerlo porque tendremos que devolver más dinero al prestatario. Por tanto, si se dispone de la capacidad de manipular el valor del tipo de interés, podemos conseguir influir en la marcha de la Economía y tendremos un mecanismo para regularla.

Cómo veremos más adelante, esto de los intereses tiene sus pequeños problemillas.

2.13. El Banco Central y el Sistema Monetario

Llegamos a uno de los puntos duros de esta lista de definiciones y conceptos básicos, ¿qué es un banco central y porqué continuamente estamos oyendo noticias sobre ellos en la televisión o la radio?
Los bancos centrales es una institución que ejerce como **autoridad monetaria** de un país, y suele ser el encargado de la emisión de dinero legal y de la ejecución de la política monetaria, y por tanto son los encargados **de controlar el buen funcionamiento del sistema monetario**.

Un sistema monetario siempre abarca a una región particular del planeta, y es lo que se va a utilizar como medida de la riqueza y estándar de valor. La situación actual, ha hecho que con la entrada del euro, muchos países que tenían sus propios sistemas monetarios basados en sus monedas (como era el caso de España con la peseta o Italia con la lira, por poner ejemplos cercanos) y que abarcaba la extensión del país, ahora lo compartan.

> **Entonces...**
>
> Para garantizar la independencia con el Gobierno, se toman algunas medidas como es mantener separados el sistema financiero del Banco Central y del Gobierno, se mantienen los cargos principales del banco durante un periodo mayor al que dura la legislatura del Gobierno que los puso allí, no está permitida la concesión de préstamos al Estado al que pertenecen, los informes y análisis que presenta de las fenómenos económicos son independientes, etc.

Los bancos centrales son cómo el banco de los bancos, ya que a ellos acude tanto otros bancos cómo el Estado a buscar financiación.

Independientemente de las fuentes que consultéis, veréis que el objetivo de todos los bancos centrales se resume en dos:

- Preservar el valor de la moneda y mantener la estabilidad de los precios (inflación), para ello modifican los valores de los tipos de interés.

- Mantener la estabilidad del sistema financiero, mediante la concesión de préstamos a otros bancos con problemas financieros o incluso a otros Estados, es lo que se conoce como una **inyección de liquidez**.

Aunque históricamente sus funciones también incluirían las siguientes:

- Custodios y administradores de las reservas de oro y de divisas.

- Proveedores de dinero de curso legal.

- Ejecutores de las políticas cambiarias.

- Asesores del Gobierno (en informes o estudios que sean necesarios)

- Supervisores del cumplimiento de la normativa vigente de los mercados y entidades que estén bajo su supervisión.

Oye, una preguntita tonta, **¿pero los bancos centrales son independientes de los Gobiernos verdad?**
Bueno pues la respuesta a esta pregunta es si, al igual que sucede con los poderes ejecutivo, legislativo y judicial (y al menos en España sabemos que esto se cumple a rajatabla, es en tono sarcástico, claro), en donde actúan unos como garantes de que los otros no realizaran ningún desmán, los bancos centrales son independientes de los gobiernos de los países a los que prestan servicio.

Es más, hay estudios que indican que la independencia del banco central favorece el control de la inflación y ayuda a la estabilidad de los precios, motivo éste que hace que esta independencia forme parte de las normas y leyes que lo regulan de manera que no puedan aceptar órdenes ni mandatos de ningún Gobierno. Se supone, que tanto el Banco Central Europeo (BCE), como la Reserva Federal de los Estados Unidos como todos los bancos miembros del **Sistema Europeo de Bancos Centrales** actuarían de este modo.

Sin embargo, recientemente hay algunas voces que dicen que esto de la independencia no es tan bueno como pudiera parecer en primera instancia o que existe un control velado, de los bancos centrales, por los políticos de turno, por ejemplo, el premio Nobel de Economía, **Joseph Stiglitz**, en un artículo titulado "**Not-So-Independent Central Banks**" y publicado en el **Wall Street Journal**, asegura que el comportamiento de las economías de China, India y Brasil, cuyos bancos centrales no presentan una independencia como las de EEUU y la eurozona, es mejor que las de las segundas.

Y hace una reflexión interesante cuando dice que, si los políticos no toman las medidas necesarias en sus países para reactivar la economía, **a los bancos centrales no les queda más remedio que seguir financiando la deuda pública de manera obligatoria** de modo que son los políticos, de un modo indirecto, los que estarían controlando el funcionamiento de los bancos centrales al no hacer, por decirlo de algún modo, su trabajo. Ahora a título personal y pensando en mi querida España, con las taifas autonómicas que tenemos montadas, cada una preocupadas por lo suyo, no es de extrañar que nadie quiera ponerle el cascabel al gato.

Por tanto, todos los tipos de dinero que hemos visto (M0 a M4) está controlado por los bancos centrales, para garantizar las demandas de dinero por parte de todos los actores que intervienen en el sistema (desde los ciudadanos a los Estados). Para ello trabaja actuando siempre sobre el sistema financiero, más adelante cuando hablemos del dinero y la deuda explicaremos como se crea realmente el dinero por parte del sistema financiero y los bancos centrales.

2.14. Inflación

Hemos estado refiriéndonos al problema de la inflación en los anteriores apartados de manera recurrente, hora es que le dediquemos el apartado que le corresponde y veamos su significado ya que gran parte del meollo del asunto lo tenemos aquí.

Entonces una de las misiones de los bancos centrales es la de controlar la inflación, ¡ummmmhhhhh, que interesante! porque entonces pueden actuar como estabilizadores (¿o desestabilizadores?) **del sistema influenciados por políticos que no hacen las cosas bien**.

Pero ¿qué es la inflación y porqué es tan importante? La definición es fácil de comprender:

"incremento generalizado y sostenido de los precios de bienes y servicios con relación a una moneda durante un periodo de tiempo determinado y asociado a una economía en la que exista la propiedad privada."

¡Vaya!, lo primero que llama la atención es: ¿ósea que en los estados socialistas no deberían sufrir la inflación? teóricamente, y dado que en esta situación, es el Estado el que controla todos los procesos económicos, no debería pasar, pero claro la realidad es otra, y hay que tener en cuenta, que no vivimos en un mundo aislado, sino con necesidades que tenemos que cubrir de fuera o que podemos proveer, así que las importaciones y las exportaciones con otros países, hacen que no sea todo tan bonito como pueda parecer.

Viendo que no nos vamos a ir a vivir a ninguna isla del Caribe, la inflación tiene que ver con la capacidad de una moneda para comprar un bien o un servicio. Si aumenta la inflación significa que **disminuye el poder adquisitivo de la moneda**, es decir, se produce un **empobrecimiento** y esto sucede por el aumento general de los precios.

Lo cual si lo pensamos un poquito es lógico, si los precios suben, significa que por cada moneda que tenemos, podremos comprar menos producto y para poder comprar la misma cantidad de producto necesitaremos más monedas. Es por eso, que siempre que aparecen los datos de inflación, éstos vienen acompañados de algún indicador de cómo van los precios, el más extendido es quizás el **Índice de Precios al Consumo o IPC**.

Qué los precios de los bienes y servicios suben es un hecho al que estamos acostumbrados, y hay dos explicaciones básicas para entender el motivo por el que sucede:

La primera explicación se debe a lo que acabamos de ver, a una **inflación de demanda**, necesitamos más productos en el mercado de los que es capaz de proveer la capacidad productiva disponible. Esto suele suceder en periodos económicos expansivos y tiene un carácter cíclico, cómo hay dinero disponible queremos comprar cosas, pero el mercado no es capaz de producirlas al ritmo que las queremos.

Sólo un par de ejemplos históricos (hay cientos) que demuestra que la inflación no es un concepto nuevo:

- El primero lo tenemos cuando los españoles con la **Conquista de América** trajeron grandes cantidades de oro y plata a Europa, al haber más demanda y menos producto, el precio subió.

- El segundo lo tenemos con los **Asignados franceses**, un papel moneda que se creó en 1790, por la Asamblea Nacional Francesa, para remediar los problemas de Hacienda y que acabaron convertido en moneda corriente.

Se crearon en el curso de cuatro años (1796) más de 45.000 millones, una cifra bestial si tenemos en cuenta que en 1792 el número de asignados en circulación era de unos 2.000 millones, esto supuso una devaluación de su valor de 1/200, muy pero que muy poquito de su valor original.

Por tanto, siempre que aumenta la cantidad de dinero en circulación, tendremos un problema de este tipo, y es que darle a la "máquina de hacer billetes" es muy peligroso. Nuevamente la Historia está ahí para todos.

La segunda explicación se debe a un encarecimiento del proceso productivo, o **inflación de coste**, en este el problema viene por un encarecimiento en la creación del producto, por ejemplo, aumento de los costes salariales o de las materias primas.

La inflación según la magnitud del aumento suele clasificarse en distintas categorías:

- **Inflación moderada**: Se sitúa en un valor entorno al 3% o al 4% anual. Tiene que ver con el incremento de los precios de manera lenta. Si los precios crecen lentamente, significa que el valor de mi dinero se va a mantener constante en el tiempo y puedo tener una mayor confianza a dejar el dinero en una cuenta corriente o un depósito de ahorro.

La inflación moderada se refiere al incremento de forma lenta de los precios. Cuando los precios son relativamente estables, las personas se fían de este, colocando su dinero

> **Entonces...**
>
> En ocasiones, a parte de la inflación por demanda y por coste, se suele hablar de inflación importada, que se produce como consecuencia del encarecimiento de la compra de bienes y servicios al exterior. Por ejemplo, la subida del petróleo es un ejemplo para los países importadores, o la subida del precio de los alimentos ante el incremento de la población mundial o la entrada de China como un participante más en el Primer Mundo, con grandes demandas de bienes y servicios.

en cuentas bancarias. En esta situación, las personas se fían en que su dinero no va a perder valor, y no habrá variaciones ni en un mes ni dentro de un año.

En sí, las personas están dispuestas a comprometerse con su dinero en contratos a largo plazo, porque piensan que el nivel de precios no se alejará lo suficiente del valor de un bien que puedan vender o comprar. Un valor que se supone válido para este rango, es del 3% al 4% anual.

- **Inflación tendencial**: En este caso el crecimiento de los precios es continuo y se convierte en la tónica general. Los valores oscilan entre el 3% y el 20% anual.

- **Inflación galopante**: La inflación galopante sucede cuando los precios se incrementan a partir del 30% en un plazo promedio de un año. Un nivel de inflación por encima de este nivel, implicará siempre grandes cambios económicos, estamos ante una situación en donde el dinero pierde su valor de manera rápida.

- **Hiperinflación**: Si la situación anterior no se controla, sino hay cambios económicos profundos, pasamos a tener hiperinflación, y en esta situación crítica el dinero pierde su valor muy rápidamente, la población tiende a deshacerse de él y a comprar antes de que no valga nada, aquí se suele también hablar de una **inflación auto inducida** debida al cambio en el comportamiento de los consumidores de un país o una zona geográfica determinada, que no hace más que agravar el problema, porque si todos los consumidores deciden ponerse a comprar a un tiempo, ante el miedo de la pérdida del valor del dinero, aumenta el déficit en productos disponibles y por tanto aumenta la inflación (vamos una pescadilla que se muerde la cola).

La hiperinflación se produce en países con **una crisis económica muy fuerte,** que se debe a la emisión de dinero ("darle a la máquina de hacer billetes") sin control y a un pobre control y regulación entre los ingresos y gastos del Estado.

Entonces, ¿es mala la inflación? Bueno pues aquí también depende de cómo nos cuenten la situación, ya que podemos encontrar que sus efectos en la economía pueden ser tanto positivos como negativos. El mayor problema de la inflación es la **devaluación del valor real de la moneda** con el paso del tiempo, esto produce incertidumbre y la incertidumbre se convierte en falta de confianza y la falta de confianza, hemos visto que es mala para el funcionamiento de todo el sistema, a nadie le gusta no conocer el valor futuro del dinero o una eventual escasez de determinado tipo de bienes.

Entonces...

No es extraño que en momentos de crisis económica, en donde la inflación se ha disparado y los inversores han perdido la confianza en la recuperación económica, suele suceder que estos inversores orientan sus operaciones a valores refugio como el oro. De hecho si miramos la cotización del metal amarillo, veremos que no hace más que revalorizarse con el paso del tiempo, y aunque hay quien piensa que se producirá una corrección en su precio, lo cierto es que a día de hoy, sigue utilizándose como lugar al que acudir cuando hay tormenta.

Pero el quid de la cuestión dependerá en función de la perspectiva que se analice y es que la inflación **no afecta a todos los bienes por igual, ni a la vez.** Si nos suben el precio de la gasolina, tendremos que pagar más por los mismos litros. Desde esta visión, parece lógico que la inflación es negativa para nosotros.

En otras ocasiones podremos afirmar que un aumento de la inflación podría ser bueno, pero como depende de a qué se deba (inflación de la demanda, de la expectativas, de costes, por causas monetarias, etc.). Si por ejemplo la inflación se debe a un aumento del consumo interno, afirmaríamos que sería un síntoma de recuperación económica, y por ende, positivo.

En cualquiera de los casos, **una inflación sostenida siempre es causada cuando se emite dinero a mayor velocidad que la tasa de crecimiento económico.** Es decir, si no hay crecimiento económico ¿cómo podemos crear más dinero? ¿No estamos engañándonos a nosotros mismos?

Luego lo explico cuando hablemos de cómo se crea el dinero y el papel de la deuda en todo esto.

> **Entonces...**
>
> Bitcoin es una moneda **deflacionaria**, premia el ahorro y su gasto de manera racional en bienes y servicios que realmente son necesarios

La tarea de mantener la tasa de inflación baja y estable se asigna generalmente a las autoridades monetarias de cada país, aplicando lo que se denomina como su **Mandato**. Actualmente, estas autoridades monetarias son los **Bancos Centrales**, que actúan en tres frentes:

- fijando de las tasas de interés
- a través de transacciones en el mercado de divisas
- la creación de la banca de reservas.

¿Cómo funcionaría el Banco Central Europeo ante esta situación? El mandato (el objetivo) del BCE es mantener la inflación interanual en la zona euro entre 0 y 2 puntos porcentuales. Si la zona euro cayera en deflación, el BCE podría recurrir a imprimir dinero (expandir la masa monetaria), mediante la operación electrónica de sumar una cantidad de dinero a las reservas totales del banco y utilizar este dinero recién creado en sus operaciones (comprando **títulos de deuda**, por ejemplo bonos de los Estados europeos) para provocar un alza en el precio de ese tipo de títulos; este mecanismo inyecta una fuente de inflación en el sistema que puede llegar a contrarrestar la deflación no deseada.

En el escenario **más frecuente** en que la inflación de la zona euro rebase el objetivo límite del 2%, el BCE puede subir el tipo de interés de los préstamos a corto plazo que ofrece a los bancos comerciales en su calidad de prestamista de última instancia, lo cual encarece los préstamos de dinero y frena la inflación.

El problema de todo este sistema es **que nos lo han vendido como un mal necesario**, y se considera a la inflación como un mecanismo de regulación que ayuda en la salida de las crisis, porque claro, su contrario, la deflación, nos dice que es aún peor.

Sin embargo, esto lo que hace, es que el dinero se deprecie y realmente no ganamos nada, estamos ante **una burda mentira**, y en donde no se producen el estímulo necesario para salir del problema (¿no habríamos visto la luz ya? digo yo), porque a más dinero, precios más altos, es de cajón, si con 1 euro me puedo comprar una naranja, y ahora tengo 2 euros, pero las naranjas suben 1 euro, ¿realmente me voy a comprar la naranja?

Vale hay más dinero, pero el precio se ha duplicado (en este ejemplo), y ante esta situación ¿qué hemos ganado? Nada. Bueno sí, hemos conseguido que se deteriore el poder adquisitivo y no ahorremos, y tendamos a gastar sí o sí, aunque realmente no tengamos necesidad de hacerlo para que la máquina no se pare.

2.15. Deflación y el Efecto Ricardo

Si el valor de la inflación es negativo, se habla de deflación y en este caso estamos ante una bajada generalizada y prolongada de los precios (se asume en este caso, al menos dos semestres), es un fenómeno contrario a la inflación. Y no hay que confundirla con la desinflación, que es una desaceleración de los precios, pero estos siguen creciendo a menor ritmo.

Si en el caso de la inflación estamos ante un aumento de la demanda, en la deflación se produce todo lo contrario, hay una caída de la demanda que suele tener unas consecuencias mucho peores que la inflación (o al menos eso es lo que nos dicen), por **el Efecto Ricardo (1772-1823).** Veamos en qué consiste este efecto:

- El motivo es que al caer la demanda, se produce una bajada de los precios, lo que lleva a que el sueldo de los trabajadores aumente (a igualdad de dinero que percibo, ahora puedo comprar más bienes).

- El sector empresarial se ve obligado a reducir los precios para poder vender la producción y no verse obligado a acumular stocks.

- Los empresarios deben disminuir la cantidad de trabajadores e intercambiarlos por equipo capital, esto mueve a la fuerza laboral de sus puestos de trabajo en las áreas de la economía cercanas al consumo, a las más alejadas, ya que se crea una nueva demanda de equipo capital.

- Los empresarios redirigen sus inversiones a producir maquinaria, por lo cual todas las áreas de la economía relacionadas con la producción necesitan más empleados, y al ser el área de producción mucho más extensa que el área de consumo la demanda por empleados aumentan aun más los sueldos de los trabajadores.

Entonces...

Un ejemplo de deflación se produjo durante la **Gran Depresión**, el derrumbe de los mercados y el colapso del sistema financiero redujo drásticamente la capacidad de gasto de las familias induciendo una espiral deflacionista: el IPC se redujo un 24% entre agosto de 1929 y marzo de 1933.

La Reserva Federal disminuyó los tipos de interés hasta el 0,5%, y las familias preferían guardar el dinero en casa porque la rentabilidad de tener el dinero en el banco era muy pequeña. Al no disponer de dinero, los bancos no podían conceder préstamos para la actividad productiva.
Si investigamos por Internet un poco, muchas fuentes dicen que fue la política de estímulo a través del gasto público acometida por el presidente Roosevelt en el marco del New Deal la herramienta que permitió superar la crisis. Aunque lo que realmente hizo superar la crisis, fue la entrada de Estados Unidos en la Segunda Guerra Mundial, y es que, ¿qué tendrán las guerras?

- Los trabajadores mejoran su productividad al tener más equipo capital disponible para ellos, lo que causa un nuevo aumento en sus salarios, y más deflación debido a la nueva oferta de productos en el mercado haciendo a la región o país más rico, al encontrar en este, muchas más cosas de valor.

- La certeza de que el dinero valdrá más en el futuro crea un aumento del ahorro, lo que ayuda a disminuir aun más los precios de los bienes de consumo y también aumenta la cantidad de dinero en los bancos destinado a préstamos. Al haber una gran oferta de dinero destinado para crédito el precio de los préstamos baja, es decir la tasa de interés, esto también ayudado con el hecho de que una moneda más valiosa atrae capital extranjero, y todas las nuevas inversiones extranjeras que se dan en el país donde la deflación está siendo efecto, disminuyen la demanda de préstamos bancarios nacionales.

Las políticas que la Administración puede aplicar para actuar contra la deflación consisten en potenciar la demanda para cubrir el desfase con la oferta. El consenso entre los economistas sobre la mejor opción se limita al énfasis en actuar a priori (prevenir la deflación) más que a posteriori (combatir la deflación).

¿Entonces volvamos a reflexionar otro poco y veamos cómo afecta la deflación a Bitcoin? Hemos dicho en varias ocasiones antes, que como máximo habrá 21 millones de Bitcoin en el futuro, y que más o menos para el año 2030, habremos llegado a generar esa cantidad, y que entorno a 2017 se habrán generado las ¾ partes del total.

Ante una situación como ésta, lo más normal es que la moneda entre en deflación, al haber cada vez menos, el valor del Bitcoin tenderá a aumentar en relación a los productos que se puedan comprar con ellos, esto significa que unidades que hoy no tendrían mucho sentido, por ejemplo pagar en **milibitcoins**... etc., en cuestión de poco tiempo puede representar una cantidad de dinero verdaderamente importante.

Y esto es algo, desde mi punto de vista, muy bueno porque **se incentivará el ahorro y los proyectos a largo plazo**, si la moneda no se puede devaluar, no **tiene sentido el consumo irracional ni el endeudamiento**, y por tanto, se puede abordar proyectos que de otro modo sería impensables porque nos interesa gastar el dinero cuanto antes.

Aquí hay quien dice que se entraría en la **llamada "espiral deflacionaria"**, una especie de agujero negro en donde al entrar los precios tenderían a bajar más y más debido a que la gente guardaría su moneda esperando que valiese cada vez más y más.

Esto sin embargo, es un hecho limitado, la **Teoría Austríaca del Ciclo Económico**, lo explica muy bien, cuando dice que lo que realmente sucede es que ante un colapso financiero, se produce una reubicación de los recursos**, todo ello debido a una mala inversión generalizada producida por la intervención estatal e inducida por años de inflación crediticia**.

¿Y no estamos ante un colapso del sistema financiero mundial? ¿Podemos seguir negando la evidencia de que "algo" se ha roto y que no se pueden seguir poniendo parches?

Además, si los precios bajan, bajan de todas las cosas, y por ende los costes de producción también son más bajos. Yo siempre que alguien me habla de lo mala que es la deflación intento que me contesten a estas cuestiones, porque personalmente no lo veo, bueno si lo veo en que con el sistema actual no interesa a nadie que se produzca, porque la inflación va siempre pareja al **crecimiento irracional** y al poder pagar las deudas, y como todo el dinero es deuda, el sistema actual se va al garete. **Pero es** que para mí la cuestión está, en que hay que cambiar el sistema actual y no dejarlo en cómo está, mis preguntas son las siguientes:

1º ¿No será que el problema está en **los cálculos de beneficios** de manera anual que buscan algunos y que con deflación no podrían sostener y por tanto les interesa seguir con este sistema? Y es que si este año he tenido un beneficio de 1 euro el año que viene quiero que sea de 3 euros, pero en un escenario deflacionista, se complica un poco conseguirlo aunque siga ganando después de descontar el ajuste por la bajada de precios.

2º Pero ¿y los bancos? ¿No será que ante la deflación se encuentren con préstamos cuyas **garantías que los avalaban valgan menos** y por tanto estén menos protegidos contra el riesgo?

3º ¿Y qué pasa con los deudores? Salen perdiendo obviamente ante este nuevo panorama.

4º Nos dicen que con la inflación y con el aumento del gasto, se crea empleo, pero ¿hay algo más ineficiente, poco productivo y más cortoplacista que el empleo creado de manera artificial?

5º ¿No es mejor aumentar el nivel de ahorro, reducir el coste del capital y de esta manera impulsar la inversión que producirá empleo de calidad, productivo, sostenible y de largo plazo?

6º ¿No será que hay demasiados intereses en que todo siga igual y que la política del miedo funciona muy bien?

Es muy probable que ahora mismo haya gente que esté comprando Bitcoin y los guarde como un tesoro esperando el momento de la deflación, pero también es cierto que llegará un momento en que la gente comenzará a gastarlos (¿o alguien ahorra para llevarse el dinero a la tumba con él? Yo desde luego no, ahorro para invertir, ganar más dinero y a la postre darme algún capricho y vivir mejor). Os lo decía anteriormente, sé que en unos meses saldrá al mercado un mejor coche, pero por ese motivo no dejo de comprarme un coche hoy si realmente lo necesito, es decir, no pospongo de manera indefinida mi compra, pero **si sucede que compro de manera más racional** y si pospongo una compra ¿no será que dicha compra era superflua y por tanto innecesaria?

¿Qué os parece a vosotros?

2.16. Entendiendo el IPC

Hemos dicho que la variable que se utiliza para saber cómo vamos de inflación / deflación se denomina **IPC o Índice de Precios al Consumo**, en España se calcula mes a mes por el Instituto Nacional de Estadística y nos ayuda para establecer comparaciones de año en año y entre meses. En este índice se tiene en cuenta productos básicos que cualquier familia compraría a lo largo del mes, de modo que lo que se estudia es la evolución de los precios de esos productos básicos, que constituyen y por simplificar "**la cesta de la compra**" de los ciudadanos.

Entonces...

El nombre técnico de la cesta de la compra, es el de Cesta de Bienes y Servicios.

El problema es que para hacer la lista de los productos que hay dentro de la cesta, no se tienen en cuenta **muchas particularidades del día a día**, y resulta que podemos encontrarnos con que puede no ser representativa realmente, por ejemplo, puede ocurrir que la lista de bienes y servicios que hay en la cesta este desfasada con respecto a lo que los usuarios realmente compran, tampoco se tiene en cuenta que los aumentos de la calidad en muchas ocasiones no llevan parejo subida de precio (por lo que compramos un valor añadido por el mismo precio) o incluso los cambios de tendencia en los hábitos de compra.

¿No os ha pasado que cuando dan el dato del IPC y de qué productos suben o bajan, se te queda cara de lelo y te preguntas donde será eso porque en el mercado del barrio todo sigue igual? El mejor ejemplo es el petróleo, qué rápido sube el precio de la gasolina pero cuanto le cuesta bajar, ¿verdad?

Entonces, si para hacer el cálculo de la inflación se está usando un elemento poco representativo de lo que la Sociedad demanda, ¿hasta qué punto se puede justificar la inflación y el crecimiento porque si, si su cálculo puede ponerse en entredicho?

3.   El Patrón Oro

El patrón oro es un sistema monetario, en donde se acepta cómo estándar de valor al oro. Consiste en fijar la unidad monetaria, en términos de una determinada cantidad de oro. Es decir, quien emite la moneda garantiza que en caso de que el poseedor decidiera cambiarlas por la cantidad de oro equivalente, podría hacerlo sin problemas.

Pero no sólo se garantiza la conversión de dinero en oro, sino que además se permite exportar e importar oro libremente.

Durante la vigencia del patrón oro puro, las entradas y salidas de oro regulaban la cantidad de dinero de un país, ya que al ser los billetes convertibles en oro, la cantidad de dinero en circulación debía conservar una proporción de reservas de oro del 100% en el banco central.

El patrón oro no es el único patrón que se ha utilizado a lo largo de los años, también existen **el patrón plata** e incluso **el patrón bimetálico**, en donde el valor de la moneda se respalda en una cantidad por oro y en otra por plata.

3.1. Origen

El patrón oro **comenzó a utilizarse durante el siglo XVIII** pero no fue hasta el siglo XIX cuando se generalizó su uso en el sistema financiero internacional (hay quien llega a considerarlo cómo el motor que hizo posible la Revolución Industrial, gracias a la estabilidad y prosperidad que trajo consigo), sobre todo desde 1870 hasta la Primera Guerra Mundial. Durante este periodo, cualquier ciudadano podía transforma su papel moneda en una cantidad de oro equivalente.

El origen del patrón siempre se sitúa en Inglaterra en el siglo XVIII, y en los problemas monetarios por los que atravesaba después de las guerras napoleónicas. Durante el fin del siglo XVIII se establecerían las bases para que el patrón oro pudiera funcionar, considerándose su año de puesta en marcha oficial **1821**. No fue hasta 1850, cuando Inglaterra, convertida en potencia mundial, demostraba que el sistema monetario implantado usando el oro, en detrimento de la plata o del bimetalismo, impulsaba la industrialización, modernización y el desarrollo político de la sociedad. De este modo, poco a poco y de manera progresiva y voluntaria, los países fueron adoptando el patrón adecuándolo a sus características particulares.

Se denomina como **Núcleo del Patrón Oro**, al grupo de países formado por Inglaterra, Alemania, Francia y Estados Unidos, por ser los que mejor observaron las reglas en su primera etapa. En general el proceso de adopción del patrón oro seguía tres pasos:

1°) Adopción del oro como unidad monetaria, fijando su valor respecto a la moneda de plata, la cual es retirada de circulación.

2º) Se establece legalmente el patrón oro y se decreta la desmonetización de la plata.
3º) Se crea el Banco Central

Su funcionamiento es más o menos el siguiente: los valores de las monedas que lo aceptaban se estabilizaban dentro de una franja de valor, dicho de otro modo, cada moneda tenía su equivalente en oro dentro de un rango. Si un país tiene déficit, se produce una salida de oro y se produce una contracción en la oferta monetaria, al producirse esta contracción monetaria, se produce una bajada de precios en el mercado interno. La bajada de precios en el mercado interno, es un aliciente que facilita las exportaciones y reduce las importaciones, lo que origina un flujo de entrada de oro en sentido inverso, es decir, sirve para auto regular y equilibrar los flujos de capital.

Además existían otros mecanismos para fomentar la entrada de oro y dificultar su salida:

- Concesión de créditos libre de interés a los importadores de oro. Al fin y al cabo, una de las propiedades del oro es su homogeneidad, no importa el lugar del cual se extraiga, sus cualidades y valor que le damos es el mismo.

- Reducción de los incentivos para comprar oro cambiando billetes sólo en la oficina central.

- Elevar el precio de la compra venta de barras de oro

- Cambiar billetes sólo por monedas desgastadas

3.2. El Patrón Cambio Oro

Esta situación finalizó cuando al final de la Primera Guerra Mundial, se comprobó que la impresión de billetes llevada a cabo por los países en conflicto, no tenía respaldo, es decir, se había impreso más billetes, para hacer frente a los gastos de la guerra, que la cantidad de oro que había almacenada en las reservas y que podía respaldarlo.

Ante este panorama, se prohibió a los particulares realizar la conversión y se cambió por el **Patrón Cambio Oro o Gold Exchange Standard**, en la conferencia de **Génova en 1922**, periodo que se conoce comúnmente como los **Felices Años Veinte**, en donde se inicia un periodo de crecimiento industrial y prosperidad que finalizaría con el **Crack del 29**. Elaborado originalmente en **1876 por A. M Lindsay del Banco de Bengala** como una propuesta de reforma al sistema monetario de la India, el patrón cambio oro consistía en utilizar una moneda intermedia para hacer el intercambio por oro.

En vez de que cada moneda, de cada país particular, pudiera convertirse directamente, lo que se hacía era cambiarlas en primer lugar por otra y a partir de ésta, se procedía a la conversión en oro.

Las monedas que se utilizarían para la conversión fueron la libra esterlina y principalmente el dólar estadounidense. La conversión a oro se realizaba a razón de 35 dólares por onza para los gobiernos extranjeros. Pero claro, ligar el intercambio al dólar, suponía que su fortaleza nunca fuera puesta en entredicha, cosa que sucedió durante 1971 y la **guerra de Vietnam** (1959 – 1975).

La guerra de Vietnam supuso para los Estados Unidos un problema por muchos motivos, y uno de ellos fue el económico, ante la abundancia de dólares en el mercado, se empezó a tener la misma sensación ya sufrida después de la Primera Guerra Mundial y eran la aparición de dudas para convertir a oro todos los dólares que había en circulación. Esta situación se agravó cuando los bancos centrales europeos intentaron convertir sus reservas de dólares, poniendo en serios aprietos a los Estados Unidos.

En 1971, y ante una situación que se estaba tornando insostenible, **Richard Nixon**, suspendió de manera unilateral la convertibilidad del dólar en oro para el público y devaluó el dólar un 10%, aunque no sirvió de mucho, porque dos años más tarde, en 1973 tuvo que volver a realizar otra devaluación del 10% para finalmente terminar con la convertibilidad del dólar en oro también para gobiernos y bancos centrales extranjeros. Esta situación recibió el nombre de Nixon Shock.

> **Entonces...**
>
> A modo de curiosidad, Richard Nixon, acabaría dimitiendo el 8 de agosto de 1974, por el escándalo del caso Watergate. Fue sustituido por su vicepresidente Gerald Ford que le concedió una especie de indulto, con lo que consiguió parar todo procedimiento judicial contra él. Una vez más, se demuestra que la justicia no es igual para todos.

Para finalizar este apartado, comentaros que existe una variante del patrón oro denominada patrón oro en lingotes, o Talón Invisible, ideado por **David Ricardo,** y que se basa en la idea de que los metales preciosos como moneda aseguran un patrón más estable que cualquier otro, proponiendo que la circulación del dinero se hiciera a través de billetes emitidos por el Banco Central y que fueran convertibles en lingotes o barras de oro y no directamente convertibles en monedas de oro como en el sistema tradicional. El oro se depositaría en el banco sin acuñarse, asegurando que toda la circulación monetaria estaría respaldada por éste.

Suiza fue el último país en abandonar el patrón oro en 1998. Desde 1973 hasta el día de hoy, se utiliza el llamado **dinero fiduciario** que en vez de utilizar metales preciosos para garantizar su valor, lo hace a través de algo más etéreo, la **confianza**.

4. El Dinero Fiduciario

El dinero fiduciario es aquel que **se basa en la confianza** que proporciona al público la entidad que lo emite. Este tipo de dinero, puede o no estar respaldado por un metal precioso, las principales monedas del planeta no tienen este respaldo, léase dólar o euro. Aunque pueda sonar un poco fuerte, la verdad del asunto es que, **el dinero es dinero, porque alguien dice que lo es y el resto no lo creemos y lo utilizamos como tal en el intercambio de bienes y servicios**, sino el dinero fiduciario no tendría mayor valor que el del papel en el que se imprime.

El dinero que no tiene respaldo se denomina **dinero fiat o dinero simbólico**, y se emite por parte de Estados o Bancos Centrales.

Por tanto, un dólar o un euro valen lo que valen en nuestro mundo, porque tenemos la confianza que las entidades que están detrás de ellos (EE.UU, Unión Europea, BCE, FMI, etc.) y la economía en donde se utilizan van a funcionar relativamente bien. Además, tampoco nos queda otra, no es que nos dejen muchas alternativas para poder elegir, por lo menos hasta la llegada de Bitcoin.

Entonces...

Bitcoin, ¿es dinero fiat?, hemos dicho que dinero fiat es el que se basa en la confianza que tenemos en alguien que es el encargado de su emisión, pero Bitcoin no tiene un emisor, se genera de manera descentralizada mediante un proceso denominado **minería**.

Estamos ahora en posición de entender correctamente dos ideas que han ido apareciendo en los puntos anteriores, me refiero al valor intrínseco y al nominal de una moneda. La parte del dinero que está respaldada por el metal precioso se denomina **valor intrínseco**, mientras que la parte no respaldada se denomina **valor nominal**. A lo largo de la historia, el valor intrínseco ha ido perdiendo importancia en favor del valor nominal: antes las monedas valían su peso (recordar al estatero) en el metal en el que estaban fundidas, luego se mezclaron con otros metales no preciosos y finalmente el papel moneda y el uso del patrón oro abrieron el camino definitivamente para el dinero fiduciario.

Como hemos visto anteriormente, la utilización del dinero fiat comenzó en 1971 con el Nixon Shock acabando con el modelo surgido después de la conferencia **de Bretton Woods** en 1944. Dado que ahora el dinero se basa en la confianza y no en metales preciosos, se ha producido un fenómeno muy importante, y es que tanto los Estados como los Bancos Centrales, han producido una emisión de dinero tan elevada (**financiarización**) creando un mercado financiero más grande que el tamaño de la economía real.

Es decir, cuando no hay dinero se le da a la "máquina de

hacer billetes" y se pone éste en circulación, pero claro, esto trae consigo una serie de problemas.

¿Cuántas veces no habréis oído frases en donde aparece algo del estilo? "...los mercados tienen o no tienen confianza..." y en función de esto las bolsas suben o bajan como en una atracción de feria. Si no hay confianza en las entidades, si no hay confianza en la economía, si no hay confianza en el sistema, tenemos un verdadero problema, y ahora ya estáis un poco más cerca de entender el motivo.

Llegados a este punto vamos a preguntarnos algunas cosas molestas:

- ¿qué es lo que podemos considerar cómo funcionar relativamente bien la economía?

- ¿cómo generar confianza cuando el dinero es el instrumento de control al servicio de los Estados y los bancos centrales?

- ¿tal y cómo están las cosas, no nos estamos acercando cada vez más a un Banco Central Mundial (tal vez la fusión del FMI y del BCE) que determine cuál es la moneda que nos interesa utilizar?

- ¿Qué papel jugaran los Estados en todo esto, si impone leyes que nos fuercen a usar una determinada moneda?

- ¿no deberían ser las virtudes de una moneda y sus fortalezas frente a sus debilidades los criterios de elección elegidos para determinar su utilización? ¿qué pasa sino con la democracia del mercado? ¿y entonces que llegará a pasar con la confianza en el sistema?

- ¿no estamos llegando a un punto en donde la gente se siente cada vez más estafada y con menos confianza?

¿Para volverse loco, verdad? al menos si has leído hasta aquí podrás empezar a intuir porqué Bitcoin es tan poderoso, porque va de la mano de la **libertad**, no necesitamos un órgano emisor, no necesitamos tener confianza en qué quien lo controla lo hará bien y no se excederá en su manipulación.

Y todo ello sin olvidar, que este sistema tiene una debilidad, que consiste en que **el dinero fiat tiende a ser por naturaleza inflacionista**, simplemente porque la presión y la facilidad para crearlo es muy fácil (que no para destruirlo, ¿recordáis los Asignados de los que hablé antes, se suponía que cuando llegaban de nuevo al Tesoro tenían que ser quemados, sin embargo 45.000 millones se llegaron a crear, **destruir el dinero una vez creado parece que es complicado**, sea cual sea la época de la Historia que consideremos), si crece la masa monetaria, ya hemos visto que esta es una de las causas que hacen que aumenten la inflación, y por tanto a la larga, lleva a un empobrecimiento, y aunque resulte paradójico a la pérdida de valor del propio dinero, por el simple hecho de necesitar cada vez más papel para poder acceder a los mismos bienes y servicios que se encaren en una espiral difícil de parar.

Esto con los patrones oro (o plata) no sucede, los excesos quedan controlados por la cantidad de metal disponible y por su flujo auto regulatorio, como hemos visto.

Por tanto, cuando alguien me dice que Bitcoin no sirve como depósito de valor, y me asegura que el dinero fiat o el papel moneda es un garante y pienso que está controlado por Estados y políticos indecentes, simplemente me entra la risa.

5. El Proceso de Creación del Dinero

¡La de cosas que hemos contado hasta ahora! Supongo que tendrás la cabeza como un bombo, si no es así, seguro que consigo que te duela con lo que te voy a contar ahora. He estado hablando en algunos de los párrafos anteriores, que los Estados sólo tienen que darle a la "máquina de hacer billetes" para poner más dinero en circulación, vamos a ver un poco más en detalle en qué consiste este proceso, y cuando en el libro 4 hablemos de la minería de Bitcoin, veremos la diferencia tan grande que existe entre la generación de uno y otro.

Con todo lo que ya llevamos visto, deberíamos de tener claro, que los responsables de crear tanto monedas como billetes, son los Estados, y concretamente su banco central. Puede suceder, cómo en el caso del euro, que esta responsabilidad quede delegada a otro organismo un poco mayor, el Banco Central Europeo, pero que con matices y para entender lo que nos ocupa, sería equiparable al banco central del país.

Dado que el dinero que usamos hoy en día es dinero fiat, los bancos centrales pueden producir todo el que quieran, independientemente de las reservas que tengan, sólo basta dar la orden de imprimir papel y las máquinas se ponen en marcha, con el consiguiente problema de aumento de la inflación.

Hasta aquí todo claro, vamos a dar una vuelta de tuerca a esto y vamos a meter en la escena a otro actor: los bancos nacionales (y aquí metemos también a las cajas de ahorro), centran su actividad en la **creación de depósitos bancarios**. Estos depósitos bancarios son muy importantes, porque captan los fondos de los ahorradores para prestarlos a los agentes económicos que necesitan financiación.

Sin embargo un banco no puede prestar todo el dinero que capta a través de los depósitos, sino que están obligados a mantener un porcentaje de éstos para hacer frente a las demandas de efectivo, y que se conoce cómo **Coeficiente Legal de Caja**, y que desde 1999 está fijado por el BCE en el 2%, todo esto sin tener en cuenta cualquier otra medida adicional que las autoridades monetarias consideren necesarias, a fin de garantizar la provisión en las reservas de efectivo.

Hagamos unas cuentas de la vieja para ver que significa esto:

- Don Fulano de tal, va al banco e ingresa 100.000 euros en su entidad, este dinero queda abonado en su cuenta bancaria. Los 100.000 euros han sido fruto del rendimiento de su capital (ganados con su trabajo o con sus inversiones, es decir, el dinero ha sido generado por una actividad real que Don Fulano realiza y para nuestro ejemplo vamos a suponer que dicha actividad es honesta).

- Don Fulano de tal puede sacar su dinero mediante cheques, tarjetas o en efectivo, aunque claro, sacar un efectivo tan grande una vez ha sido depositado, siempre implica llamar al banco antes para que nos tengan preparados los billetes.

- El banco retiene en sus reservas el coeficiente legal de caja del 2%, es decir, retiene 2.000 euros y los 98.000 restantes, los puede prestar a alguien que los necesite. **Y aquí por arte de magia, el banco ya ha creado dinero**, tiene 98.000 euros disponibles en metálico y 100.000 en depósito bancario.

- El banco presta los 98.000 euros a Don Mengano, que lleva ese dinero a otro banco (rizando el rizo podría ser al mismo banco), en donde el proceso se repite, el banco retiene el 2% y dispone de 96.040 euros para volver a prestar, hemos creado más dinero.

¿El proceso se puede repetir de manera indefinida? Afortunadamente no, llega un momento en que la acumulación de los coeficientes legales de caja de cada operación, nos dejan sin dinero disponible para seguir prestando, y que se calcula con una simple división:

Depósito Inicial / Coeficiente Legal de Caja

100.000 / 0,2 = 5.000.000 de euros

¡No está mal!

A partir de 100.000 euros, podríamos llegar a crear 5.000.000 de euros ¡ríete tú del Milagro de los Panes y los Peces!, a esto se le llama **Multiplicador Bancario**, y creo que no es necesario explicar el motivo del nombre.

Como el Coeficiente Legal de Caja, está en el denominador

de la ecuación, cuanto menor sea, mayor será la cantidad de dinero que se podría crear. Dado que el banco solo tiene que tener en efectivo el valor correspondiente al coeficiente legal de caja del dinero del que dispone, si queremos sacar más dinero (más papel) tendremos que llamar uno o dos días antes, para que nos lo tengan preparado, porque literalmente no lo tienen. Luego cuento otro problema que aparece aquí, que es la **reserva fraccionaria**, pero dejarme continuar antes con esto.

Creo que con esta explicación entenderemos porqué los bancos tratan en todo momento de captar el dinero del ahorro, como mecanismo para poder crear dinero y porque siempre se dice, cuando estás ahorrando, que hay que buscar que el banco nos dé un rendimiento superior al de la inflación y lo mismo se aplica a cualquier inversión que vayamos a realizar. Si la inflación sube, y con ella los precios, tener el dinero en casa debajo del colchón, no servirá para que nuestro dinero esté a salvo. Una opción sería gastarlo y disfrutarlo ahora (ya lo hemos explicado), total mañana valdrá menos que hoy o nada, pero esto actuaría empeorando las cosas, porque si es el comportamiento generalizado de todo el mundo, la inflación auto inducida aumentará y el problema se agravará.

Lógicamente, los bancos nacionales intentan captar el dinero del ahorro, pero los Bancos Centrales que emiten el dinero que quieran, cuando quieran, no tienen porque pedirle el dinero a nadie y basta con dar la orden de crear el dinero, que una vez inyectado en el sistema financiero a través de los bancos, puede ser utilizado mediante el sistema anterior para crear a su vez más dinero.

Ya, ya alguien puede decir que los bancos tienen que aceptar entrar en el juego y necesitan aceptar apalancarse con préstamos o inversiones, pero ¿acaso no lo hacen? O cómo dice el refranero español "entre todos la mataron pero ella sola se murió" Pues eso mismo.

Pero el crear más dinero, tiene como consecuencia el aumento de la inflación y por tanto el empobrecimiento de la población, que es a la larga quien sufre los excesos de las políticas monetarias ineficientes y abusivas, y todo ello costeado gracias a nuestros **Impuestos** o ¿ alguien se puede creer todavía que toda esta fiesta es gratis?

Pero, si esto que acabamos de decir de que el banco necesita captar nuestros ahorros es importante, mucho más sutil y desapercibido puede pasar la necesidad de que **crear dinero cómo préstamo, requiere que haya deudores para que el dinero se ponga en circulación**, sino ¿qué necesidad hay de crear el dinero?

Y esto es gran parte del problema de la crisis económica que se inicio en 2008, básicamente el problema radica en **que se prestó dinero a quien se sabía de antemano que no podría pagarlo** (hay un video muy gracioso, pero mejor explicado imposible, que se aplica a España de Aleix **Saló, llamándola Españistan**, un juego de palabras entre España y Afganistán, y en donde explica el problema del endeudamiento por los pisos con una frase muy ingeniosa *"Soy un español con un SDM (o salario de mierda) y mi avalista es una tortuga con boina" conclusión "Hipoteca al canto",* digno de ver) pero si prestamos dinero y no se devuelve la deuda, el sistema se colapsa, la confianza se pierde y se entra en el caos en el que estamos sumidos ahora mismo, por no decir, que este escenario se vuelve inmanejable si son los propios Estados, y ya no solo los particulares y empresas, los que son incapaces de pagar la deuda que tienen contraída.

5.1. El Dinero y la Deuda

A ver tú, el último de la fila de la clase, a ver si lo has entendido...

Entonces, ¿cómo va la cosa? Hemos derogado el patrón oro, y podemos crear tanto dinero como queramos, y por la fórmula anterior, hemos visto como se puede multiplicar el dinero a partir de los préstamos. Pero es que el banco, además quiere tener un beneficio (no, no son ONGs, ¿alguien tal vez se lo creyó?), por lo que cuando presta dinero a parte **del capital o principal que hay que devolver, hay que pagar unos intereses por haberte dejado el dinero.**
Si el dinero que hay en circulación, es porque se ha generado a través de los préstamos y por tanto de la deuda, el corolario es que **toda la masa monetaria que circula dentro de una economía representa la cantidad de deuda que tiene esa misma economía.**

O lo que es lo mismo, si no hay deuda no hay dinero.

Pero cómo además hay que devolver intereses**, resulta que hay que devolver más dinero que el que realmente existe** (en el ejemplo anterior partíamos de 100.000 euros y la deuda se creó a partir de esta cantidad, no hay más que esos 100.000 euros) por lo tanto **siempre hay una escasez monetaria permanente** (lo que obliga a crear más dinero para poder pagar los intereses) **y obliga a que la economía tenga que crecer sin cesar.**

Es decir, el actual sistema monetario, no **permite el pago de la totalidad de las deudas** (es un problema que crece de manera exponencial), y lo que se hace, se mire como se mire, te lo quieran explicar y maquillar como quieran, es poner parche tras parche y dar "patadas hacia adelante" evitando el problema real que existe y dejando que el que venga detrás se las componga cuando le toque, y lo resuelva como buenamente pueda, si es que puede.

En este punto llegamos a otra cuestión fundamental **¿es posible en un mundo finito un crecimiento económico sin fin / infinito?** Desde mi punto de vista, decididamente no, y aquí pienso en la aplicación de la idea económica de los **rendimientos decrecientes a la creación del dinero** (y al crecimiento exponencial de los intereses), y no sólo eso, mantener el sistema actual en funcionamiento solo puede hacerse deprimiendo todo lo demás, entendiendo como todo lo demás no solo lo **social** sino también lo **ambiental**.

Y es que ante esta situación sólo hay tres posibilidades:

a)   Inflación
b)   Recesión o Depresión
c)   Expansión o crecimiento económico

Entonces...

¿Sabías que según el **Working Paper 12/163 del Fondo Monetario Internacional**, desde 1970 a 2011 a nivel mundial se han identificado 147 crisis bancarias, 218 crisis de moneda y 66 crisis de deuda pública? Si esto no indica que hay algo que va mal, pues que me lo expliquen.

De la inflación no tengo nada más que decir, ya sería ser pesado.

De las recesiones o depresiones, se supone que se sale **por**

el ajuste de los precios, es decir, debido a que la Economía deja de crecer, disminuye la producción, lo que implica un aumento del desempleo y falta de dinero, esto hace que se comience a vender más barato (incluso puede suponer vender por debajo del coste de producción **y en muchos casos significa el cierre de la empresa**) y todo vuelve a la normalidad, vamos lo que se llama un **Ciclo Económico**.

Pero, y es que siempre hay un pero, y uno gordo en este caso, porque aunque el papel lo aguanta todo, la realidad suele ser más tozuda, es que a los **precios, le va mal eso de bajar** (que no subir, eso lo hacen de maravilla) y el precio que peor baja es uno que nos fastidia mucho que nos toquen, el **salario**, que no es más que el precio que paga el empresario por la mano de obra y que supone ¿cuánto? ¿Un 60, tal vez un 70% del coste de producir algo? ¿A qué pocas veces lo habías pensado de esta manera "salario que percibes = precio que paga el empresario"? ¿Y a qué no te gusta pensar que te lo puedan bajar? ¿Y si no te bajan el salario, cómo podemos hacer para que el empresario pueda bajar los precios y los costes de producir?

Por esto sucede, que antes de bajar salarios, los empresarios decidan despedir a parte de la plantilla, a fin de evitar que el descontento influya en la **productividad** y por tanto, el coste aumente. ¿Y qué hace el Gobierno con su política fiscal y monetaria? ¿Consigue arreglar algo? Pues básicamente no, empeora la situación porque lo que hace son dos cosas:

a) **subir impuestos** (menos dinero para el ciudadano y empresas), que ya sabemos lo bien que son utilizados y el gran provecho que rinden, y sean los **directos** (como el que te aplican con el IRPF) como los **indirectos** (el que pagas con el IVA por ejemplo) no hay nada que no esté bendecido por los impuestos estatales.

b) **se endeuda**, al fin y al cabo, ¿quién no quiere prestar dinero a un Estado sabiendo que son buenos deudores y pagadores? (solo hay que pensar en Grecia para ver lo cierto de esta afirmación) mediante la **emisión de bonos o letras** que paga en un periodo de tiempo determinado, a un tipo de interés que sube o baja en función de la confianza que se tenga, en que sea capaz de devolver el dinero pedido (¡Si, amigo si! La **famosa Prima de Riesgo**), dinero que se devuelve gracias a los impuestos que ha recaudado (¡y subido!).

Y sin añadir el "me lo llevo crudo" que en todo buen Gobierno siempre existe, independientemente del país en el que nos encontremos. Estoy seguro que a estas alturas tienes los pelos de punta, yo también.

La conclusión a la que quiero que **llegues es que ninguna de las tres es la solución,** se puede pensar que la tercera es la opción menos mala, pero acabo de exponer que no creo que sea posible el crecimiento económico sin fin, por lo menos, no con los **recursos del planeta Tierra únicamente** (intento explicarlo mejor cuando hablo del interés compuesto en el punto siguiente).

Porque no ataca al problema principal y es que hay que reestructurar **el sistema monetario**, hay que hacer las cosas de manera diferente, el colapso del actual sistema tiene que llegar, la actual crisis económica creo que es un síntoma, que vuelvo a insistir, indica no que la maquinaria se esté rompiendo y que algo no funciona **sino que está ya rota**, puede que tarde cinco, diez o quince años (espero que no tanto) pero es un hecho que llegará, y si hace unos años pensaba que era muy complicado cambiar el sistema, ahora Bitcoin me ha hecho darme cuenta que no es solo posible, sino que es lo que tiene que pasar si queremos seguir avanzando como Sociedad, no hay otra posibilidad.

Y es que hemos pasado del trueque, al uso del oro y del oro, al patrón oro y de allí al empleo del dinero fiduciario, **¿no es hora de que se debe dar una nueva vuelta de tuerca y avancemos nuevamente?**

Hasta ahora los bancos han sido necesarios por su capacidad para hacer llegar el dinero a las personas, financiando Estados y llevándose (como estos últimos) su parte, pero Bitcoin permite que esto no suceda, **democratiza el acceso a la moneda** a la vez que liberaliza las relaciones económicas entre las partes, y para ello solo necesitas algo tan simple (verás que no es complicado de manejar) como una billetera electrónica y una dirección pública donde recibir y emitir pagos, y por supuesto, un ordenador (o alguno de sus primos hermanos, tableta, móvil, etc.).

Entonces...

Tristemente, en España los niveles de corrupción son tan elevados, descarados y mordaces que en los últimos años no paramos de saltar de escándalo en escándalo, y es que sólo en 2013, los niveles de corrupción política en España (incluida la Casa Real) han aumentado solo por detrás de los niveles de corrupción de Siria.

Según **el CIS (Centro de Investigaciones Sociológicas)** a los españoles ya nos preocupa más la corrupción política que los problemas económicos.

¿Y son estos los que tienen que decidir sobre el dinero? ¡Dios nos asista!

Es decir, **el Estado y la Moneda ya no van de la mano,** al igual que hace unos cuantos siglos, el Estado y la Iglesia, tampoco van de la mano y aunque al principio pudo parecer una aberración, luego se ha demostrado que ha sido una gran decisión.

¡Tio! Esto es imposible que suceda. ¿Seguro?

Solamente voy a ponerte un ejemplo, y no voy a insistir más, y es el caso de **Argentina**, uno de los países más ricos del planeta y completamente arruinado por una sucesión de políticos y dirigentes a cada cual… dejémoslo en menos hábil.

Los efectos del **corralito argentino**, han sido portada de noticias en todo el mundo y el debacle económico en los bolsillos de los ciudadanos nadie puede cuestionarlo. Curiosamente es Argentina, **uno de los países más demandantes de Bitcoin**, como un mecanismo para tratar de aliviar la presión a la que están sometidos. Pero esto no lo digo yo, podéis leerlo en **Forbes**, en **Bloomberg** o el **Wall Street Journal**, que con títulos tan sugerentes como **"Bitcoin's Promise in Argentina"**, **"Bitcoin Dreams Endure to Savers Crushed by CPI: Argentina Credit"** o más recientemente **"Bitcoin Downloads Surge in Argentina"** analizan esta realidad que tenemos delante de nosotros.

¡Que no, que no son tan ladrones! ¿Seguro?

Pues no sé si lo sabrás, **pero el FMI se está planteando hacer una quita del 10% a los hogares europeos**, una medida que no se tomaba desde el fin de las dos guerras mundiales, dinero que saldría de tu bolsillo para entrar en el del Estado para pagar la deuda, y bueno si dijéramos que esto resolvería el problema genial, pero es que lo único que se va a hacer, es poner un parche más **y dejarla a niveles de 2007**. Vamos como lo que se hizo en Chipre, pero para todo el mundo.

Y ya veremos por donde sale la situación griega actual.

¿Desaparecerán los bancos y los Estados?
Presumiblemente creo que no o al menos no del todo y si lo hacen, es de esperar que sea de un modo progresivo, salvo que el poder de la exponencial sean tan dramático, que no permitan una adaptación paulatina. Desde luego en caso de seguir existiendo, no podrán serlo del modo en el que actualmente existen y tendrán que reinventarse y aprender a jugar con las nuevas reglas, y créeme cuando te digo, que aún hoy intento imaginar cómo puede ser ese futuro, en el libro 4 hablo de la criptoanarquía y de la economía colaborativa, una posibilidad latente que tal vez pueda darnos una idea de hacia dónde puede ir la Sociedad.

Y es que, como decía Albert Einstein el Interés Compuesto es la fuerza más poderosa que existe en el Universo…

5.2. El Interés Compuesto o la Incapacidad Humana de Comprender la Función Exponencial

No sé si os gustará a alguno de vosotros jugar en el Casino, a mí personalmente me divierte jugar en estos que han aparecido ahora para móvil, no arriesgas ni un euro (o Bitcoin) si no quieres, y te da la oportunidad de ver en acción todo tipo de problemas matemáticos y estadísticos que aparecen ligados a la teoría de los juegos de azar (porqué me gustará a mí esto de los juegos tanto ;-))

Una de las maneras que hay de embaucar a la gente para que se enganchen, es la famosa **técnica de la Martingala** aplicada a la ruleta.

Estoy seguro que os habrá llegado algún que otro correo del tipo "hazte rico jugando en el casino, técnica imposible de perder", y que consiste en elegir un color (por ejemplo rojo) y apostar un euro, si sale rojo, genial me llevo mi euro más otro que gano, si sale negro, pierdo el euro, pero en la siguiente apuesta, lo que hago es apostar dos euros al rojo, doblando la apuesta hasta que por aburrimiento, acabe saliendo el rojo y recuperando el dinero.

Vamos hacer una tablita muy simple, suponiendo que siempre pierdo:

Nº Jugada 0   1 euro perdido
Nº Jugada 1   2 euros perdido
Nº Jugada 2   4 euros perdidos
Nº Jugada 3   8 euros perdidos
Nº Jugada 4   16 euros perdidos
Nº Jugada 5   32 euros perdidos
Nº Jugada 6   64 euros perdidos
Nº Jugada 7   128 euros perdidos
Nº Jugada 8   256 euros perdidos
Nº Jugada 9   512 euros perdidos
Nº Jugada 10   1024 euros perdidos

¿No es recuerda esto a cierto cuento de un tablero de ajedrez y de cierto rey que se quiso pasar de listo, al dar granos de arroz, a su inventor?

Al llegar a la jugada nº 11, **para recuperar mi euro inicial tendré que jugar 2048 euros**, a mí personalmente no me sale a cuenta, arriesgar 2048 euros para ganar tan solo 1 pues tiene su cosa ¿no os parece?

Y aunque es cierto que la probabilidad puede ser muy baja, el hecho es que si este sistema fuera infalible los casinos habrían echado el cierre, por no decir que en todos tienen topes máximos de apuesta, por lo que es probable, que una cantidad superior a los 600 euros no se puedan apostar a un solo color.

Si pintamos la tabla anterior en un gráfico sencillito:

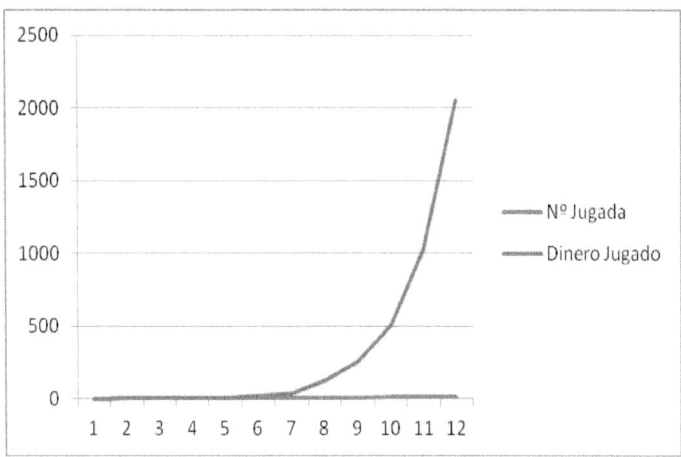

Ilustración 20 Apostando en el casino

Y a poco que os acordéis de las funciones matemáticas básicas que estudiasteis en el colegio, lo que acabamos de pintar tiene un nombre: **Función Exponencial**, y que curiosamente se parecen a estas otras que tenemos aquí:

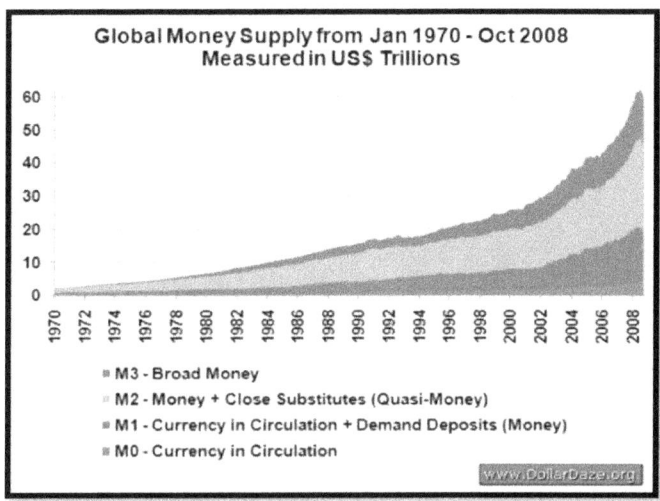

Ilustración 21 Emisión de Dinero

El problema, es que el jugador en el corto plazo, ve la exponencial como una función de crecimiento lineal, y es cierto, si nos acercamos a la curva y vemos dos puntos muy próximos efectivamente la sensación es de línea recta y parece que el riesgo es limitado y las variaciones muy pequeñas, **pero ¡ay!, cuando se desata el poder de la exponencial, los cambios se producen a tal velocidad, que somos arrollados literalmente por ellos.**

Y porqué cuento todo este rollo, porque esto mismo que acabamos de ver con el juego en la ruleta de los casinos, es el responsable de que no seamos capaces de darnos cuenta de lo que he explicado en el punto anterior, que los intereses crecen a mayor velocidad de lo que la economía puede llegar a producir, **y la culpa es del interés compuesto**.

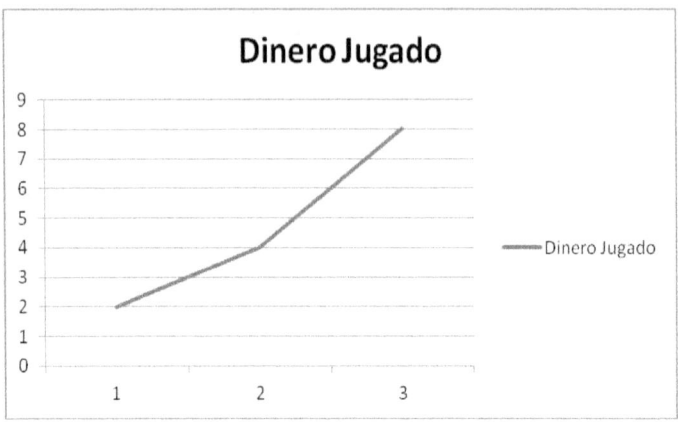

Ilustración 22 La Exponencial nos engaña

Vamos a tirar otra vez de la Wikipedia para definirlo: El interés compuesto representa la acumulación de intereses devengados por un capital inicial (CI) o principal a una tasa de interés (r) durante (n) periodos de imposición de modo que los intereses que se obtienen al final de cada período de inversión no se retiran sino que se reinvierten o añaden al capital inicial, es decir, se capitalizan.

Y se calcula mediante una formulita muy simple:

$$C_{F1} = C_I(1 + r)$$

Vamos a aplicar esto a un euro, cogemos una hoja Excel y hagamos los cálculos para un periodo de 50 años, en donde el interés va a ser del 10% por ejemplo y seguidamente pintamos la gráfica que nos sale:

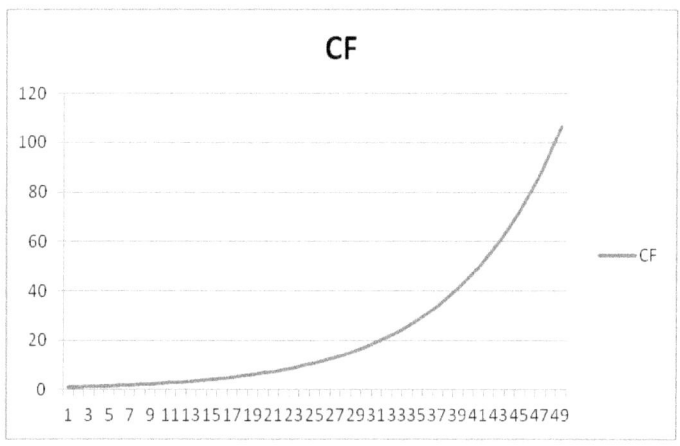

Ilustración 23 Evolución del Interés Compuesto

Ahora que tenemos esta gráfica vamos a ponerla en contraposición con la gráfica que representa la deuda y que sigue también un crecimiento exponencial.

Vamos a ver, resulta que la deuda sigue una función exponencial, pero es que los intereses siguen también una función de este tipo, la pregunta que hay que hacerse es: **¿se puede crecer a un ritmo exponencial y ser capaces de pagar los intereses generados que también crecen a este ritmo?** No es posible y el motivo es muy simple, cada vez hay que destinar más dinero a pagar los intereses generados por la deuda, y **como el único mecanismo que nos venden es la del crecimiento económico infinito en un mundo que es finito**, pues tenemos un problema de narices.

Es cierto que durante un tiempo, la creación de deuda ha servido para crecer y seguir la fiesta, pero es que la fiesta se ha terminado **y ahora hay que pagar la cuenta**, y ¿sabes quién la va a pagar?, efectivamente tú y yo que como ciudadanos siempre tenemos que tener la billetera abierta para que los Estados y los políticos incompetentes nos la vacíen.

Y como dijo **Albert A. Barlett** en una frase que personalmente tengo entre mis favoritas:

"El mayor defecto de la especie humana es nuestra incapacidad para comprender la función exponencial"

5.3. El Sistema de Reserva Fraccionaria

Antes he explicado como los bancos pueden crear dinero mediante el coeficiente de caja y el multiplicador bancario, si esto no te quitó el sueño, probablemente lo siguiente sí que lo haga, porque es el sistema de reserva fraccionaria lo que ha permitido hacer muchos de los desmanes que sufrimos hoy en día, y recordar antes de seguir que cuando hablé de la inflación, dije que una de las misiones de los bancos centrales es la gestión de este tipo de reservas.

El sistema de reserva fraccionaria es el que deja a las entidades financieras dedicar a inversiones y préstamos el dinero que sus clientes depositan en sus cuentas corrientes, estando obligados únicamente a mantener una fracción de los mismos a modo de reservas mínimas para atender las disposiciones de efectivo. Esta fracción es la que hemos llamado anteriormente como coeficiente de caja.

El que los bancos puedan hacer esto, dedicar a inversión o a préstamos **dinero que no es suyo**, es gracias a que **los Gobiernos lo permiten**, y a qué se supone que es poco probable, que los clientes demanden de forma simultánea una cantidad superior a la fracción que marca el coeficiente de caja. Pero a mí, mi mama, cuando era pequeño, y mucho más, mi abuela Pepa que fue quien me crió, me dijeron, que eso de coger lo que no es mío (por muy loable que sea el fin para el que lo vaya a utilizar) se llama **robar**, o si queremos ser más finos en el habla al menos, **apropiación indebida**. Y si no recuerdo mal, creo que existen leyes que protegen o al menos deberían proteger, de este tipo de cosas.

La Ley de los Grandes Números dice que por muy improbable que sea un suceso, si se espera el tiempo suficiente, éste acabará por aparecer (en el caso de la ruleta, es raro que salgan doce negros seguidos, pero ¡oye!, puede pasar y, ¿cuánto habría que jugarse para recuperar el euro original en este caso si el casino nos dejase?, cosa que no va a hacer por supuesto). Y fíjate tú por dónde, **se ponen a realizar inversiones con poco criterio**, la cosa se fastidia y nadie presta a nadie, porque nadie se fía de nadie.

El crear dinero de manera ficticia, y sin un sustento real más que el aire, lleva a donde estamos ahora, a un follón de cuidado en donde aún hay quien nos dice, que **debemos confiar en los mismos que nos han metido en todo este lio.**

Dice un dicho que la primera vez que alguien te engaña es culpa suya, pero la segunda vez que lo hace, **la culpa es solo tuya**, pues yo digo a este sistema, lo siento **pero no gracias.**

6.   ¿Tú estás tonto, o qué?

No, no es que me quiera meter contigo, sin embargo, estoy seguro que otra de las cosas que habrás oído es **que Bitcoin es una burbuja**, si, si, una burbuja, **como lo fue las empresas .com a finales de los 90 o la vivienda estos últimos años** y que nos ha tocado tan de cerca a prácticamente todos los españolitos de a pie. Con estos dos ejemplos puede parecer que las burbujas son un invento reciente, nada más lejos de la realidad, por citar uno de los casos más conocidos solo tenemos que remontarnos al siglo XVII y viajar a los Países Bajos y ver que sucedió con los tulipanes. La llamada **Tulipomanía**, hizo que el precio de los bulbos de tulipán se disparara a valores desorbitados.

Personalmente creo que con Bitcoin no estamos ante esta situación, pero como siempre vamos a ver de qué va todo esto.

En primer lugar, ¿qué es una burbuja?, una burbuja siempre se produce cuando hay **precios crecientes** en un **mercado abierto** pero que son **insostenibles**, si queremos podemos decir que están inflados o que son artificialmente falsos, o que se desvían de su precio de equilibrio en el largo plazo.

Entonces...

Los motivos para la Tulipomanía hay que buscarlo en que las flores representaban un símbolo de riqueza, lo que unido a las extrañas variaciones de apariencia y color de los tulipanes holandeses hizo que se convirtieran en objetos de gran deseo, al no existir en ningún otra parte del mundo.

Los casos de venta más extravagantes documentados hablan del cambio de mansiones por un solo bulbo.

En 1637 la burbuja estalló y la economía holandesa se fue a la quiebra. Un par de siglos después en 1841, Charles Mackay, documentó todo lo sucedido en su libro *"Memorias de extraordinarias ilusiones y de la locura de las multitudes"*

Y antes de que sigas leyendo quiero comentarte una cosa, **hay tantas opiniones serias que dicen que Bitcoin es una burbuja, como otras tantas que dicen que no lo es**, que es complicado posicionarse de un lado u otro, al menos hasta que comprendes mejor las connotaciones de Bitcoin. Tal vez lo más razonable sea pensar, que con los argumentos y los hechos que conocemos actualmente **es difícil saber qué sucederá**.

El porqué de esta dificultad radica en que determinar si un activo tiene su precio en fase de burbuja no es fácil, sobre todo porque esto implica proyectar hacia el futuro su posible valor. **Yo aquí te doy mi punto de vista, del porqué considero que Bitcoin NO es una burbuja**.

Y voy partir, del ejemplo más cercano, como decía en el párrafo anterior, en la vivienda. Los pisos han subido,

subido, subido... y la gente ha comprado, comprado y comprado... hasta que ya no se ha podido subir más porque la gente no podía comprar más, o mejor, **no se podía endeudar más**, porque si se compraba era **porque el acceso al crédito era muy fácil**.

En el caso de los pisos en concreto, era bastante razonable ver que estábamos ante una burbuja (repito solo en el caso de los pisos), en mi caso particular siempre hacia la siguiente cuenta de la vieja porque es un tema que me ha tocado personalmente: si un piso en una zona de clase media de Madrid vale 300.000 euros, y ese mismo piso se puede alquilar por pongamos 700 euros al mes, o lo que es lo mismo, por 8400 euros al año, existe una desproporción exagerada que claramente indica que algo no está bien, ¿cómo es posible que algo tan caro se alquile por un precio tan razonable? ¿Habéis tratado de alquilar un coche de lujo? Te crujen vivo y te cobran hasta por mirarlo.

Es decir, estar en fase de burbuja **significa que el precio de algo hoy es desproporcionado con el precio que tendrá en el futuro**. En el ejemplo de los pisos se ve muy bien, el piso anterior vale 300.000 euros, en 5 años ¿cuánto valdrá? ¿1.000.000 de euros?, ¿nos hemos vuelto locos? Pero si el salario de un español medio es de 1.000 euros, ¿cómo va a pagarlo por mucho que se endeude? ¿Habrá un tonto que en 5 años va a poder comprarlo? La respuesta en este caso era obviamente **NO**. Pero como siempre digo, analizar datos y situaciones económicas a toro pasado, siempre es muy fácil.

A diferencia de lo que sucede con las estafas piramidales o con el esquema Ponzi, no es necesario que exista una persona, ente o como quieras llamarlo, detrás de la burbuja para que esta se produzca, aunque en ocasiones basta con que haya ciertos entes que **actúen como "animadores"**,

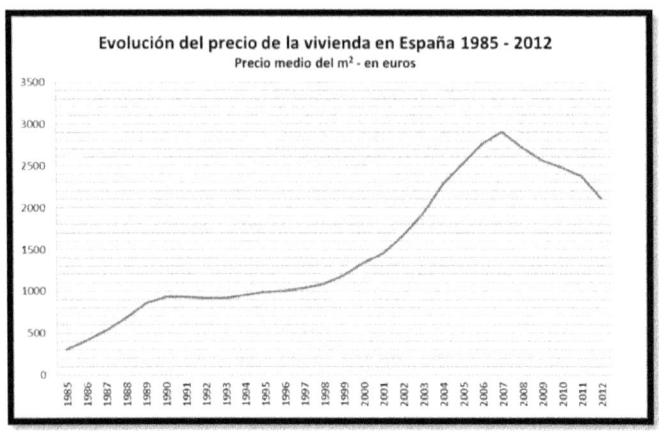

Ilustración 24 Evolución del Precio de la Vivienda en España

Entonces...

Por no decir, las voces "serias" que de vez en cuando aparecen por ahí y dicen cosas que resultan difíciles de entender. Por ejemplo, el economista jefe de Citi, Willem Buiter argumenta que el oro es una burbuja de 6000 años de duración.

---

como pasaba con los bancos.

¿Necesitas el 80% de la hipoteca? No pasa nada, te doy el 120% del valor del piso y te compras también el coche y te vas de viaje, y además así te crees que eres rico y presumes ante tus amigos. Esto es completamente verídico y si has vivido en España los últimos años sabrás que no miento.

Independientemente de lo anterior, lo que si se necesita, para que una burbuja exista, es de **tontos**, personas que con un comportamiento optimista **compran activos sobrevalorados** anticipando su venta a especuladores a un precio aún mayor. La burbuja crece mientras los tontos van encontrando otros tontos que compran el activo sobrevaluado y además encarecido por el tonto de turno que lo posee y quiere vender, y termina cuando **el más tonto**, se convierte en el que más ha pagado por el activo y no encuentra a nadie más que pague por lo que compró a un precio mayor.

Probablemente, en esta cadena de tontos, los tontos intermedios no deban considerarse como tontos, al fin y a la postre consiguen hacer negocio y sacar su parte, pero la **Teoría del Gran Tonto (o Greater Fool Theory)** los considera como tales.

Y ¿qué sucede con Bitcoin? Para explicar la situación vamos a recordar a algunos conceptos que ya he explicado anteriormente: el primero el de la utilidad no monetaria del Teorema de la Regresión de Mises y que decía que para que un bien se utilice como medio de intercambio debe tener una demanda no monetaria que sirva para fijar su precio inicial (como el oro).

Por otro lado, también hablamos de volatilidad, esa medida que nos indica la variación del precio de un activo, y que para el caso particular de Bitcoin, ya hemos dicho que es muy alta. Y también conté las características del buen dinero, y en este caso nos vamos a quedar con tres de ellas que son la de depósito de valor, unidad de cuenta y medio de cambio.

¿Qué dirá alguien que ve a Bitcoin como una burbuja?

"Ufff cómo sube esto, que rápido va la cosa, esto tiene truco."

y además pensaría:

"no hay valor no monetario, no es posible establecer su precio inicial, por tanto, su valor real es 0 (fuera del sistema de intercambio no sirve para nada) y además está esa alta volatilidad, no me gusta nada."

Y acabaría concluyendo:

"nada, nada, estamos ante una burbuja, no puede ser que algo que está a 50 dólares hoy, valga 1000 dólares mañana."

¿Pero tiene sentido esto? ¿Ósea que un activo suba muy rápido significa siempre que hay burbuja? Echemos un vistazo al mercado de valores y encontraremos muchos ejemplos de empresas cuya cotización ha subido como la espuma y nunca ha bajado y no por ello estaban en una fase de burbuja. O volviendo a las .com, muchas empresas se fueron al garete, pero otras muchas se revalorizaron y sobreviven hasta el día de hoy (¿verdad Amazon?)

Pero es que Bitcoin **no es** cómo los pisos o como las acciones de las empresas porque es un tipo de activo diferente, es **un activo monetario**.

A ver si logro explicarlo, cuando un activo está en burbuja, significa que en el futuro, la demanda de dicho activo va a caer y por tanto no podré deshacerme de él porque nadie lo querrá, sin embargo, con un activo monetario pasa justamente lo contrario, cuanta más gente lo demanda hoy como activo monetario (y no se puede negar este hecho con Bitcoin), más se estabiliza como tal y por tanto más gente lo demanda mañana.

Es decir, si Bitcoin hoy es demandado y la gente lo utiliza y la masa de gente que lo acepta crece y a la vez crece el número de sitios que lo aceptan, a futuro lo que sucederá es que este efecto no solo no se reducirá, sino que todo lo contrario se extenderá y generalizara, y aumentará su proceso de monetización, por el simple hecho de que Bitcoin está demostrando que funcionará como un medio de intercambio mejor que otros (y eso sin añadir los usos no monetarios que tendrá a futuro).

En los medios cada vez que el Bitcoin sube y cae, enseguida **aparece una noticia anunciando el pinchazo de la burbuja**, y el fin de la moneda, por ejemplo no hace mucho fue **Robert Shiller**, profesor de economía de la Universidad de Yale y premio Nobel de Economía en 2013 quien hizo esa misma afirmación. Sin embargo, y con el máximo respeto hacia el profesor Shiller, otra vez la tozuda realidad demuestra, que Bitcoin **supera los test de estrés** a los que se le someten: supero los ataques a MtGox y su cierre, ha superado los robos de claves, sobrevive a SIlk Road, la prohibición de Tailandia, la oposición de China, y superará cualquier otro obstáculo que se le presente.

¿Habrá correcciones en su precio y caídas importantes? No solo es posible sino que es seguro, decir lo contrario sería absurdo y no tener los pies en la tierra, pero cada vez serán menores y más espaciadas en el tiempo.

Tú y yo a medida que usamos y popularizamos Bitcoin, contribuimos a que eso ocurra antes.

7. Las Monedas Complementarias

Se puede decir, que el grueso de los conceptos fundamentales que quería que tuvieras claro al comenzar este módulo, y mi justificación por la que creo que Bitcoin es una alternativa real al sistema tradicional, los hemos visto en los puntos anteriores.

Creo que en este momento puedes entender el enorme torrencial de cambios que trae consigo Bitcoin. En los próximos apartados, voy a centrarme en contar conceptos adicionales sobre el dinero, algunos de ellos, ya anunciados en puntos anteriores de pasada, pero que tienen el suficiente empaque, como para dedicarles algunas páginas.

Lo que persigo con estos ejemplos, es que veamos que cuando se ha querido, las cosas se han podido hacer de manera diferente y que no tenemos porque seguir anclados en las mismas ideas porque alguien nos diga que las cosas tienen que ser así. Algunas de estas ideas, se utilizan también en las implementaciones de otras criptomonedas diferentes a Bitcoin y de las que hablaremos en el próximo libro.

Y para comenzar, lo haremos con la **idea de moneda**

complementaria, un tipo de moneda tal vez no muy conocido por ese nombre, pero que se ha venido utilizado fundamentalmente en los dos últimos siglos, cómo motor para el crecimiento económico en zonas delimitadas.

Una moneda complementaria, **o moneda local**, como indica su nombre, es una moneda que se utiliza para el comercio en una zona geográfica determinada y no necesariamente tienen que tener categoría de moneda de curso legal ni estar respaldada por un gobierno.

Entonces…

No es raro que os encontréis con algún blog en donde equiparen **los Bancos de Tiempo, a las monedas complementarias**, debido a su naturaleza como medio para favorecer el crecimiento y mejorar situaciones de empobrecimiento, aunque claro tienen el pequeño matiz de que no usan monedas. En los bancos de tiempo se intercambian servicios por tiempo. Algo parecido a intercambiar un favor con otro favor, midiendo el trabajo realizado, generalmente en horas.

El objetivo de los bancos de tiempo es mejorar el bienestar social, tan machacado con tanto recorte y mejorar las oportunidades de los individuos que de otro modo tal vez no podrían hacerlo.

El origen de este tipo de monedas se encuentra en las quiebras de bancos nacionales, que suelen llevar pareja una carencia de efectivo de la moneda de curso legal, que se solventa creando, si queremos llamarlas de esta manera, monedas de emergencia para salir del paso, y que a futuro se reconvertirán en la moneda a la que eventualmente están substituyendo.

El ejemplo histórico más típico del uso de las monedas locales, es el del **Experimento de Wörgl** que tenéis en el apartado de "Algunas Curiosidades Históricas" de este modulo. Aunque experiencias similares, las tenemos en otros países tan diferentes, como pueden ser Corea del Sur, Inglaterra, Brasil o Argentina.

Recientemente la moneda local que más ha llamado mi atención ha sido el **Napo**, creada en la bella ciudad de **Nápoles** por su ayuntamiento, y cuyo valor equivale a 1 euro pero que permite pagar el 10% del gasto realizado en los establecimientos que están adheridos a él, motivo por el que prefieren llamarlo en vez de moneda, **bono descuento** pero para el caso es lo mismo. El objetivo es el de siempre tratar de fomentar el consumo, en una ciudad con un paro del 18% pero sin tratar de ser un substituto del euro.

Hay billetes de **1, 2, 5 y 10 napos**, y que tienen una validez hasta el año 2016, y son distribuidos por el ayuntamiento a todo el mundo, desde los propios ciudadanos, hasta los turistas que reciben 20 napos por noche (que les entrega la recepción del hotel). A los ciudadanos se les entrega 100 napos cada vez que presentan una factura pagada de agua, pero pueden llegar a recibir hasta 250 si demuestran que han realizado una buena acción para la comunidad (voluntariado por ejemplo).

Pero aparte de los napos descritos, actualmente están **documentados 2.500 sistemas de monedas locales que operan en todo el mundo**. Por poner algunos ejemplos más de monedas complementarias que han existido o existen en la actualidad y que tienen por detrás un respaldo de bienes de confianza mutua son los siguientes:

Ilustración 25 Napos de 1, 2, 5 y 10

- La moneda de **Emperor Norton I** de los Estados Unidos
- Prosperity Certificate.
- **Wära** (Currency) (Alemania declarado ilegal en octubre de 1931)
- **Bia Kut Chum**, Publicado en el año 2000 por una comunidad de Tailandia.
- El **túmin** en Veracruz (México),
- La **lionza** en el municipio Urachiche de Yaracuy (Venezuela).
- El **Liberty Dollar** en Estados Unidos (sin uso en la actualidad)

- Los **LETS canadienses** pero que se han expandido a nivel mundial (sobre todo en Alemania, Francia, Reino Unido y Australia)
- **SOL-Violette** (Toulouse, Francia)
- **Banco WIR** de Suiza
- El **Banco Palmas** de Brasil.
- El **Bristol Pound** en Inglaterra.
- …

Lo que poca gente igual sabe, es que en España también hemos tenido intentos de crear monedas complementarias, y no hace tanto, concretamente en diciembre de 2012 nacía el **Drago**, en la bonita isla canaria de La Palma. Su autor **Carlos Javier Pérez**, justificaba su existencia diciendo:

*"en estos tiempos complicados en los que el dinero no circula y muchas personas, perfectamente preparadas, no están pudiendo acceder a un empleo o a crear su propia empresa, ponemos en marcha el proyecto Drago, una **iniciativa 100% ciudadana**, que pretende ofrecer alternativas a quienes no se resignan".*

Aunque razón no le falta, el experimento no funcionó.

7.1. El Dinero Oxidable o de Interés Negativo

El concepto de dinero oxidable fue creado **por Silvio Gesell** (1862 – 1930), comerciante alemán (aunque nació en la Bélgica que pertenecía a la Alemania de la época) que emigró a Buenos Aires (el dominio del español, lo adquiere durante el tiempo que trabaja en la ciudad española de Málaga) para fundar una empresa de importación, **Casa Gesell,** que se dedica al material quirúrgico y de farmacia, y más tarde a los productos para el cuidado de los bebes.

Ilustración 26 Silvio Gesell

En 1916 publica el libro **"El Orden Económico Natural"** que se considera su obra más importante, aunque su primer tratado teórico acerca de las finanzas es de 1891 y se titula **"La reforma del sistema monetario como puente hacia un estado de bienestar."**, y en el que analiza el sistema monetario en busca de soluciones a la crisis del gobierno de **Juárez Celman**. Otras obras de esa época son **"Nervus Rerum"** y **"La Nacionalización del Dinero"**.

Según Gesell, el planeta debía pertenecer a toda la gente que lo habitaba sin importar su raza, género, clase o religión, y considera que la satisfacción del interés particular motiva a ser productivo. Por ese **motivo el sistema económico debería de estar al servicio de las personas, y no al revés,** considerando que el dinero había perdido su utilidad como herramienta de intercambio, y se había convertido en una mercancía en sí misma, usada únicamente para especular, y que solamente servía para generar desigualdades sociales por efecto de la usura y afectando de modo negativo a la economía real. Por estos motivos propone como solución **la Economía Natural**, en ella las oportunidades de negocio deben de estar disponibles en igualdad para todos, aboliendo cualquier privilegio adquirido anteriormente, y dejando que cada persona confíe en sus habilidades y capacidades individuales a la hora de conseguir sus objetivos, de manera que las personas con más talento, son las que deberían de obtener los ingresos más altos.

La solución que propuso era crear un sistema, en el que las monedas se depreciaran con el tiempo, para evitar que la gente la acumulara, y funcionasen como funciona cualquier otro bien, es decir, cualquier cosa que yo tenga, desde un plátano a una lavadora, pierde valor a medida que el tiempo pasa, porque se deterioran, se desgastan, o en el caso de un bien orgánico como el plátano, sencillamente se pudre.

Aunque Gesell nunca llego a ponerlo en práctica, más adelante el Experimento de Wörl demostraría que sus ideas no eran del todo descabelladas.

¿Qué ventajas aportaría el uso del dinero oxidable respecto al dinero tradicional? Aquí tenemos las más típicas:

- **Regularización de la demanda**: El dinero dejará de ser el medio de ahorro, obligando a cada portador a gastarlo cuanto antes para evitar la oxidación. Como consecuencia habrá demandas regulares, no manipuladas arbitrariamente por los poseedores del dinero, lo que estabilizará la economía.

- **Superación de las crisis económicas:** La circulación sin cesar del dinero posibilitará la construcción de una sociedad sin crisis económica.

- **Desaparición del interés del capital:** Los prestamistas comenzarán a ofrecer préstamos sin cobrar tasas de interés, porque se verán obligados a evitar oxidación de todas formas

- **Estabilización de precios:** La Administración Monetaria de cada gobierno frenará deflaciones por gastar más e inflaciones por gastar menos, controlando así la masa monetaria.

- **Separación entre el medio de intercambio y el de ahorro:** La gente preferirá tener bienes o prestar dinero sin tasas de interés a dinero oxidable para ahorrar su fortuna.

- **Desaparición de capitalistas:** Será imposible ganar la vida por prestar dinero a alguien y cobrar tasas de interés.

Aunque nos detendremos en el libro 2, avanzaros que una criptomoneda que sigue el principio del dinero oxidable enunciado por Gesell es **Freicoin**, nombre que viene de la mezcla de las palabras Bitcoin, y **Freigeld** (palabra alemana que significa "dinero gratis").

Con una masa monetaria máxima de 100 millones de unidades, el 80% de ellos se repartirá en forma de ayudas y becas a proyectos de caridad, desarrollo sostenible y al enriquecimiento del conocimiento libre.

8. Algunas Curiosidades Históricas

Anécdotas e historias, en donde el dinero es el protagonista, hay muchas a lo largo del tiempo, sin embargo no podemos recopilarlas todas, ya me gustaría a mí ya, por lo interesantísimas que son muchas de ellas, así que he decidido hacer un pequeño sacrificio y me he quedado con las que pueden presentar algún punto de particularidad aplicable a todo lo que hemos visto a lo largo de este modulo.

Y vamos a comenzar con dos ejemplos de hiperinflación que deben de servir de toque de atención del peligro que ésta supone, y deberían de prevenirnos de hasta qué punto estamos ante un acto que debería ser considerado como terrorismo de Estado hacia sus ciudadanos, porque por mucho que digan que por crear papel no pasa nada y que está controlado, podemos vernos como ya se vieron otros.

Esperemos que conocer la Historia, sobre todo errores sobradamente documentados, nos ayuden a no volver a meter la pata.

8.1. La Hiperinflación de Hungría y de Zimbabue

El **caso más bestial de hiperinflación** que jamás se haya producido es el que sucedió en Hungría durante 1946. La Segunda Guerra Mundial había terminado, y Hungría estaba en una situación muy difícil, fundamentalmente por la deuda de 300 millones de dólares (de 1946 no perder el referente) que se debía a la URSS en concepto de **indemnización por la guerra.** La solución que se le ocurrió al gobierno de turno, fue imprimir papel moneda con el objeto de estimular el crédito a un interés barato y reconstruir la economía, pero el efecto que tuvo fue todo lo contrario.

No es raro que esto sucediera, la masa monetaria creada carecía de ningún respaldo por detrás, no había metales preciosos ni bienes que el Estado pudiera poner como avales del papel emitido. Y pasó lo que tenía que pasar, un alza incontrolable de los precios hasta límites que rozan lo absurdo.

Por poner un ejemplo de la situación en que derivó la hiperinflación húngara, pensar que en 1941, una barra de pan costaba 1 peng, en abril de 1946, una rebanada de pan (¡UNA REBANADA!) costaba 450.000 pengs y en julio de 1946 esa misma rebanada, costaba 6.000 millones de pengs. Y aunque los salarios se incrementaban a la par que la inflación, no servía para nada, porque el sobrecoste se trasladaba al consumidor (recordar que esto ya os lo decía antes cuando explicamos la inflación).

Se llegó a una situación tan estrafalaria, en donde los salarios se llegaban a pagar cada cuatro horas, siendo en los casos más extremos, de varios trillones de pengs. Algunas empresas llegaron a instaurar el llamado **"salario calórico"**, un modo poético de decir que se pagaba por comida. En agosto de 1946 todo el dinero circulante en Hungría valía la décima parte de un centavo de dólar, con una inflación de 42 mil billones (con B).

Ilustración 27 Billete de mil trillones de pengs (nunca llegó a ser emitido, aunque sí impreso)

No fue hasta que se eliminó el peng y se sustituyó por el **florín** y su respaldo en oro, cuando se eliminó el problema de la inflación húngara.

Que el ser humano es el único animal que tropieza dos veces con la misma piedra es un hecho, porque si de algo debería de haber servido lo sucedido en Hungría, es para hacer experimentos mejor hacerlos con gaseosa. Pero en **Zimbabue**, el tirano **Mugabe** no está por las lecciones de Historia, y ha sido el primero en hacer que su país ostente el título de **primer caso de hiperinflación del siglo XXI.**

Y es que lo sucedido es más o menos lo que pasó en Hungría, una emisión desmesurada de papel destinada a pagar a los funcionarios públicos y al ejército, y políticas agrarias erráticas hicieron que entre 2005 y 2006, los precios se multiplicaran por mil. Para paliar la situación, se creó una nueva moneda el "nuevo dólar de Zimbabue", cuyo valor equivalía a 1000 dólares del "antiguo dólar de Zimbabue". Para principios de 2008 el valor de los dólares era ridículo, y estaba tan depreciado que se tuvieron que emitir billetes por valor de 10 millones de dólares (unos 4 dólares americanos), seguidos de billetes por valor de 50 millones (abril) y de 100 y 250 millones (mayo), alcanzándose los 50.000 millones por billete en 2009.

La imagen siguiente:

Ilustración 28 (NO ZIM DOLLARS) No tirar al WC Dolars de Zimbabue

Es el resumen perfecto para ilustrar el dicho de "**no vale ni el papel en el que está impreso.**"

8.2. El Experimento de Wörgl

Este experimento, es un ejemplo de cómo una moneda

complementaria y el uso del dinero oxidable definido por Gesell, pusieron en marcha la economía de un pequeño pueblo austriaco de poco más de 4000 habitantes y de nombre **Wörgl am Inn**.

Estamos en medio de la Gran Depresión iniciada en 1929, y en 1932 el desempleo en nuestro pequeño pueblo había llegado al 30%, y acumulaba un deuda de 1,3 millones de chelines austriacos contra unas reservas en efectivo de apenas 40.000 chelines austriacos. Es fácil imaginarse ante esta situación, que toda la actividad local, estaba prácticamente parada.

Hay quien dice que la culpa de la situación era la política de deflación, y echan la culpa a ésta sin más del problema, sin tener en cuenta la convulsa situación económica y política de la época, con una guerra mundial acabada, una crisis entre medias y una segunda guerra mundial cociéndose en el horno. En cualquier caso, prosigamos.

Fue por idea del alcalde, **Michael Unterguggemberger**, por lo que el gobierno local se decidió a imprimir certificados de trabajo (en total se imprimieron 32.000) que portaban un interés negativo mensual del 1%. La experiencia quedó iniciada el 31 de Julio de 1932 y arrancó con 1.000 chelines.
El sistema funcionaba del modo siguiente: cada certificado constaba de 12 casillas y cada una a su vez, representaba a un mes del año. El portador tenía que gastarlo en el curso de 1 mes, en caso contrario el certificado se depreciaba un 1% **(moneda oxidable con carácter mensual**) para el mes siguiente, por la cuenta de la vieja si 1 chelín es el 100% del valor nominal, el 1% es el 0,01. Para que el certificado valiese lo mismo al mes siguiente, había que comprar un sello de 0,01 groschen (un céntimo de chelín).

Si alguien retenía el certificado y no lo ponía en circulación, para ponerlo de nuevo en marcha, tenía que comprar y pegar, tantos sellos como correspondiesen al mes en el que quisiera utilizarlo, es decir, si me guardé el billete en febrero (tiene el sello de este mes) y lo uso de nuevo en julio, tendré que haber pegado los sellos correspondientes a marzo, abril, mayo, junio y julio, sino el billete no será aceptado cuando lo quiera utilizar. Obviamente, cuanto antes se usara el billete, más fácil era eludir el pago de la tasa.

Al cabo de tres días, se habían recaudado 5.100 chelines, que se hicieron circular dentro de la comunidad. Se ha estimado, que la circulación de 5.490 chelines obtenidos por este método, durante los 13 meses que duró el experimento, generó un volumen de transacciones en torno a 2.547.360 chelines, se redujo el paro en un 25% y se pagó, por parte del gobierno local, obras públicas por valor de 102.197 chelines.

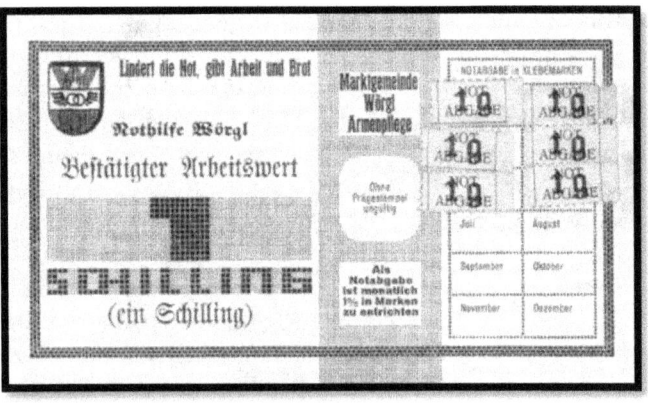

Ilustración 29 Billete usado en el Experimento de Wörgl

Y aquí lo más interesante del experimento, a priori, entregar dinero al sistema de una manera como contamos parece indicar sinónimo de inflación, sin embargo, todo lo contrario, ya que solamente una persona puede gastar tanto dinero como percibe por medio de su trabajo y de su producción, o dicho de otro modo, **por la creación de un valor real,** no hay manera de que don fulano de tal, se ponga a crear más certificados de los que realmente existe, y dado que el Gobierno no lo hizo, la masa monetaria total no creció. Lo que se **consiguió fue garantizar la circulación de dinero o su desbloqueo**, pero en ningún caso se desbordó el sistema con más dinero dentro del circuito.

A pesar del éxito del experimento, el Banco Nacional de Austria, y ante el miedo por la pérdida del control en la emisión del dinero, lo prohibió en septiembre de 1933.

Otras propuestas en Alemania y en Francia en 1930 y en 1950, acabaron del mismo modo. Parece que a ningún banco central, le gusta perder el control de la emisión del dinero, ¿por qué será?

En resumen, creo que no se puede discutir un hecho, este experimento es una prueba de ello, que cambiando la política monetaria y el modelo de operar de una moneda, se puede cambiar todo lo demás, y es verdad que, en este caso en particular, **hubo voluntad política que lo propició**, por tanto, es posible el cambio (y además deseable) no vale que nos digan que mejor lo malo conocido que lo bueno por conocer.

8.3. La Operación Bernhard

Siempre he pensado y muchos también coincidiremos en esto, que es en periodos de guerra, cuando gran parte del ingenio humano sale a luz, el instinto de supervivencia aflora y hace que salga de nosotros todas nuestras capacidades, tanto las buenas como las malas.

La Operación Bernhard, es uno de estos ejemplos de ingenio, ya que estamos ante **la mayor falsificación monetaria de todos los tiempos**, y además realizada por un Estado. Es muy probable que el curso de la Segunda Guerra Mundial, hubiera dado un giro si el Gobierno Británico no hubiera adoptado la decisión que adaptó, pero veamos qué fue lo que sucedió...

Situémonos por tanto, en plena Segunda Guerra Mundial, corría el año 1942 y los alemanes buscaban una forma de acabar con Gran Bretaña de un modo total. A parte de los frentes bélicos abiertos, se pensó en cómo asestar un golpe económico al país que resultase irreparable. En aquel entonces, **el Servicio de Seguridad Alemán** tenía lo que se llamaba el **Departamento de Sabotaje**, y fue allí donde se gestó la idea de inundar el mercado británico con una enorme cantidad de papel moneda falsificado.

Para hacerlo, se necesitaba emitir unos 100 millones de libras esterlinas, preferiblemente en billetes de baja denominación (billetes de pequeño valor) y hacerlos circular por los diferentes países, distribuidos por los servicios secretos alemanes. El encargado de llevar a cabo el plan fue el **Comandante en Jefe de la S.S Heinrich Luitpold Himmle**r ya que era uno de los que más agentes de campo tenían, y podían hacerse cargo de la puesta en circulación de los billetes.

Himmler le asigno la responsabilidad (y poderes prácticamente ilimitados), a un mayor del ejército experto en falsificaciones, **Bernhard Krüger (Krueger**) y de ahí el nombre que recibió la operación (**Unternehmen Bernhard**).

El equipo que conformo Bernhard para el proyecto fue verdaderamente increíble, por un lado estaba **Alfred Naujocks**, encargado de las falsificaciones en los servicios de seguridad y que contaba a su vez con un equipo de profesionales especialistas en grabado, papel, tinta, impresión, etc. Pero lo que más sorprendente fue la otra parte del equipo, en ella estaban los mejores falsificadores del momento, incluidos **delincuentes** procesados que estaban en el **Campo de Concentración de Sachsenhausen**, que acabó por establecerse como el centro de operaciones. En total 142 expertos dedicados en exclusiva a esta tarea, entre los que destacaron:

- **Salomón Smolianoff**, un ruso que falsificó billetes de banco británicos de 50 libras en 1927 y que fue arrestado en Ámsterdam.

-

- **Adolf Burger**, un eslovaco judío experto en impresiones falsas. Burger fue apresado por la Gestapo por falsificar documentos de identificación personal para comunistas en Bratislava y enviado a **Auschwitz**, y que posteriormente sacaría tajada de esta historia a través de la publicación de sus libros.

Como primera misión del equipo, estaba crear la réplica del papel que se usaban en las libras, tenía que ser tan perfecto que pudiera pasar las pruebas táctiles y análisis técnicos de la época. Cómo Gran Bretaña obtenía sus materias primas de las colonias, los alemanes hicieron lo mismo, encontrando una tela de algodón que se importaba de Turquía y que se usaba para la confección de trapos de limpieza, que después de ser tratados químicamente, servían para fabricar una papel idéntico en calidad, textura, brillo y color a los originales. Una vez que se tenía el papel, se hicieron las filigranas, marcas de agua, errores de impresión y se descubrió el código para generar los números de serie válidos.

Una de las ideas era lanzar los billetes desde un avión sobre el país, pensando en que sólo unos pocos los entregarían a las autoridades y la mayoría se los quedaría, pero este plan se descartó, porque a la larga los británicos podrían controlar la situación. Así que se comenzaron a introducir mediante transacciones de prueba en el sistema financiero sin que nadie se diera cuenta, llegando días más tarde a través de los mercados internacionales hasta Inglaterra.

Ante el evidente éxito, se decide trasladar la fabricación al **Campo de Concentración de Oranienburg**, para su producción en serie, confeccionándose un total de 8.965.080 notas de banco perfectas e iguales a las originales y que equivalían a **134.610.810,00 libras**, en billetes de 5, 10, 20 y 50, dejando en reserva, los billetes de 100, 1000 y 5000 libras.

Ilustración 30 H. L. Himmler

La colocación de esta cantidad de dinero en el mercado, fue llevada a cabo **por Friedrich Schwend** (más conocido como **Dr. Wendig**) un multimillonario que usó sus negocios para poner en circulación el dinero. Al cabo de cierto tiempo, el dinero acabó llegando a Gran Bretaña, siendo un empleado del Banco de Inglaterra, el primero en darse cuenta del engaño, al encontrar un billete con el mismo número que otro en el registro de billetes devueltos.

Al detectarse la falsificación, el gobierno británico se enfrentó a un enorme dilema, y era que hacer ante esta situación. Había **dos posibilidades:**

Entonces...

Burger es autor de varios libros sobre lo sucedido en este periodo:

- *"Cislo 64401 mluvi.",* un librito de apenas 86 páginas que trata sobre cómo fue reclutado. 64401 era su número de preso.

- *"Unternehmen Bernhard - Die Geldfälscherwerkstatt im KZ Sachsenhausen"* (Operación Bernhard - El taller de falsificadores del Campo Sachsenhausen) que trataba acerca de sus experiencias en la Operación Bernhard. Habla también de la falsificación de billetes de 100 dólares, cuyas pruebas terminaron exitosamente el 22 de febrero de 1945. Pero, la orden para fabricar 1 millón de dólares fue cancelada por la Oficina de Seguridad del Reich y los equipos desmantelados. **¡¡Este libro se vende por 129 dólares actualmente!!!!**

- "Des Teufels Werkstatt" (El taller diabólico).

- una **detener la circulación de los billetes falsos**, afrontar el pánico de los mercados internacionales, y quebrar la economía británica (no debemos olvidar la deuda que Gran Bretaña tenía con Estados Unidos, y esta noticia habría resultado letal),

- la otra posibilidad era **aceptar los billetes** como legítimos y seguir usándolos en el mercado internacional como si nada, decisión que fue finalmente adoptada, de manera que billetes falsos y auténticos estuvieron circulando juntos, declarando **Churchill** este asunto como secreto de Estado.

Hasta el punto, que cuando en los **Juicios de Núremberg**, se intento juzgar a algunos detenidos por delitos de falsificación, los propios británicos desestimaron los cargos, alegando que los billetes eran legítimos y se negaron a que se juzgaran por este motivo.

Una vez que la guerra terminó, el Mayor Krüger fue incorporado al **Servicio Secreto francés** para ayudar en la falsificación de documentos. Actualmente hay algunas teorías que dicen que los billetes que no se pusieron en circulación, pueden estar guardados o que tal vez fueron hundidos en cajas en el **lago Toplitz** (Austria). Se dice también que las cajas pudieron ser recuperadas en 1959 o que incluso llegaron a romperse y los billetes acabar en manos de la gente que vivía cerca del lago, estando en circulación durante años. En cualquier caso, sea como fuere, el Banco de Inglaterra eliminó los billetes mayores de 5 libras de manera progresiva y no fue hasta pasado los años 60 cuando se volvió a poner en circulación billetes nuevos, los últimos, de 50 libras en 1980.

Si durante la Segunda Guerra Mundial hubiera existido Bitcoin, los alemanes lo habrían tenido realmente difícil para poder falsificarlo, **salvo que controlasen el 51% del poder computacional de la red,** algo que como veremos en el libro 4, no es que sea realmente sencillo de conseguir.

Por cierto, la película **"The Counterfeiters"** (Los Falsificadores) centra su argumento en la operación Bernhard.

Ilustración 31 Publicidad de la Película Los Falsificadores

8.4. Carlo Ponzi

No es raro que haya quien identifica a Bitcoin con la moneda de los delincuentes, y es que como dice el refrán "a rio revuelto, ganancias de pescadores", y dado que aún estamos comenzando a andar, no hay quien pierde la oportunidad de enriquecerse utilizando sistemas tan viejos como son las estafas piramidales.

Aunque el método Ponzi presenta algunas diferencias con las estafas piramidales, hay quien lo usa de manera sinónima, porque la idea que hay detrás de ellas es más o menos la misma y consiste **en el pago de intereses** (generalmente muy altos y con una periodicidad relativamente pequeña, y que actúa como gancho) a los inversores utilizando su propio dinero **y el dinero aportado por los nuevos inversores que llegan al sistema atraídos por la promesa de que van a obtener un gran beneficio**. Obviamente, el sistema solo funciona mientras el número de víctimas se incrementa de manera exponencial (¡vaya con la exponencial!) y se colapsa y viene abajo si esto no sucede porque no se puede mantener el nivel de pago prometido.

Ilustración 32 Foto de Carlo Ponzi cuando fue fichado

Pero como en otras ocasiones, veamos que pasó…

Y es que fue un inmigrante italiano llegado a los Estados Unidos y de nombre **Carlo Ponzi**, quien en los años veinte, descubrió que los **cupones de respuesta internacional de correos**, se podían vender más caros en Estados Unidos que en el extranjero, aprovechando esta diferencia en el cambio para producir una ganancia.

Lo que hizo Ponzi, fue extender el rumor y captar capital, consiguiendo que algunas personas invirtieran su dinero en el negocio, sin embargo, en vez de comprar los cupones, lo que hacía era utilizar el dinero que conseguía para pagar intereses desorbitados (en algunos casos hasta el 100% a tres meses, aunque lo normal era un retorno del 50% en 45 días), con el objetivo de atraer nuevos inversores y captar más dinero, obviamente mucho más que el que habría conseguido con el cambio de los cupones.

Algunas de las personas que invirtieron, si que obtuvieron los rendimientos esperados en el tiempo prometido, pero como lo normal es que si algo te está dando dinero, mantengas la posición, muchos de estos inversores seguían confiando en Ponzi y no retiraban su inversión, creando una especie de "pescadilla que se muerde la cola" financiera, de catastróficas consecuencias.

En solo seis meses Carlo Ponzi, pasó del anonimato más absoluto a convertirse en uno de los hombres más ricos de Boston, se calcula que la estafa afectó a unas 40.000 personas que invirtieron unos 15 millones de dólares (¡de 1920!), recuperándose solo un tercio del dinero.

Para terminar con esto, quedaros con este nombre **Trendon T. Shavers** y seguir leyendo para saber porqué.

8.5. Liberty Dollar o Dólar Libre

No me resultaría raro, que este nombre os sonara, ya que no fue hace mucho tiempo, concretamente el 14 de noviembre de 2007, cuando el FBI tomó por asalto las oficinas de Liberty Dólar y metió en la cárcel a su fundador **Bernard von NotHaus.**

Ilustración 33 Bernard von NotHaus

La historia muy resumida es la siguiente...

Bernard von NotHaus era el director y cofundador de la **Real Casa de la Moneda de Hawaii**, entidad que desde 1980 (aproximadamente) se ha hecho famosa, por producir algunas de las monedas, más bellas de colección, en donde conmemoran todo lo imaginable. El caso es que, NotHaus no era una persona muy partidaria del dinero fiduciario, básicamente porque resulta muy sencillo realizar su depreciación (lo que he llamado en el primer módulo "darle a la máquina de hacer billetes") y por tanto pensaba que el pueblo norteamericano, jamás estaría protegido ante la inflación o ante problemas de mayor envergadura.

Para entender a qué se puede estar refiriendo con "mayor envergadura" basta resumir su pensamiento en la frase *"cada país que ha hiperinflacionado su moneda ha terminado en una dictadura"*, vamos que veía claramente que los derechos y libertades del pueblo estadounidense podría irse a pique en cualquier momento, por culpa de una política monetaria incorrecta y de políticos incapaces de saber gestionarla.

Ante este panorama, la solución que se le ocurrió fue crear **una moneda paralela**, basada en el oro y la plata, por lo que compró con sus ahorros (no quiero ni imaginar cuantos tendría) lingotes de oro y de plata y empezó a hacer pruebas con moldes y diseños, hasta que en 1998 aparece la primera moneda bajo el nombre de **"Liberty Dollar"** o **Dólar Libre.**

Entonces...

Entre otras de las controvertidas creaciones de NotHaus está la **Iglesia de la Marihuana Libre de Honolulu** (Free Marijuana Church of Honolulu).

En 2011 fue etiquetado por una fiscal estadounidense como "terrorista doméstico". En contraposición a esta opinión, en el New York Times se publicó que hay quienes le consideran como el **Rosa Parks** del movimiento por la moneda constitucional.

No se sabe exactamente cuántas monedas se llegaron a emitir, se acepta que pudieron ser más de 20 millones de dólares, pero lo más curioso del asunto, es que estas monedas **eran aceptadas** por muchas empresas a lo largo y ancho de todos los Estados Unidos. Y es que en este país, el

Ilustración 34 Liberty Dollars

uso de las **denominadas monedas complementarias** es algo común y están muy reguladas, y su utilización en el ámbito local está también muy extendida, aunque no sean muy conocidas fuera de las fronteras del país y para nosotros sean desconocidas.

El **14 de septiembre,** la Casa de la Moneda de EE.UU le envía una carta en donde le decían que el uso de las monedas de oro y plata "Liberty Dollar", como dinero en circulación era un delito federal, pero NotHaus hizo caso omiso después de que sus abogados dijeran que el delito no era tal.

Total, que el **14 de noviembre de 2007**, el FBI toma las oficinas centrales de Liberty Dólar, confiscan alrededor de dos toneladas de monedas, 500 libras de plata y unas 50 onzas de oro, detienen a NotHaus y lo acusan de falsificación y lo condenan. Hay quien dice que la condena

Entonces…

Rosa Louise McCailey, de casada **Rosa Parks** fue una figura importante del movimiento por los derechos civiles en Estados Unidos, en especial por haberse negado a ceder el asiento a un blanco y moverse a la parte de atrás del autobús (1955) en el sur de Estados Unidos, donde acabó en la cárcel por tal acción, que se cita con frecuencia como la chispa del movimiento, donde se la conoce como la primera dama de los derechos civiles.

por falsificación es casi de risa, las monedas de dólar y de liberty dólar, físicamente no se parecen, salvo por el detalle de "Trust in God" que ponía en el Liberty Dolar y que se consideró una falsificación del "In God We Trust" que pone en el Dólar, y es que como ya contamos en el módulo 1, esta pequeña frase, tiene mucha simbología para el espíritu nacional americano, ¿o fue solo la excusa perfecta para desmontar un sistema que se podía tornar una amenaza? ¿Podría pasar algo así con Bitcoin? Sea este o no el motivo principal que motivo la condena por falsificación, a NotHaus se le atribuyeron los siguientes delitos:

- cargo por conspiración por poseer y vender monedas similares a monedas de una denominación superior a cinco centavos y monedas de plata similares a monedas estadounidenses en denominaciones de cinco dólares o más.

- cargo por fraude por correo.

- cargo por vender y poseer con intención de defraudar, monedas similares a monedas de una denominación superior a cinco centavos.

- cargo por poner en circulación, pasar e intentar poner en circulación y pasar monedas de plata similares a monedas estadounidenses en denominaciones de cinco dólares o más.

Aunque **en marzo de 2011 fue finalmente condenado**, y se enfrenta a una pena de prisión de hasta 20 años, el gobierno de Estados Unidos **aun no ha llegado a una decisión de sentencia**, y NotHaus, vive en una mansión en Malibú prestada por un amigo.

8.6. El Escándalo del Enten

Si el caso del Dólar Libre fue un caso bastante llamativo, probablemente el caso del Enten pasó más desapercibido para muchos.

Aunque este escándalo está considerado el peor caso de estafa a inversionistas de toda la historia japonesa, defraudándose alrededor de 2.500 millones de dólares en un periodo de ocho años, a un total aproximado de 50.000 personas, utilizando una moneda inventada para tal efecto y que recibió el nombre de **Enten**, algo así como "**dinero celestial**", ya que el nombre proviene de la combinación de dos ideogramas japoneses que significan "yen" y "paraíso", y que tendría como fin último el de convertirse en la divisa mundial única.

Los hechos ocurrieron en Febrero de 2009 cuando la policía japonesa, detuvo al presidente de la empresa de futones Ladies & Gentleman, **Kazutsugi Nami** y acusó de estafa a otros 21 directivos de la compañía. La compañía que fue fundada por Nami en 1987, originalmente estaba dedicada a la comercialización de sábanas y edredones, así como de productos para el cuidado de la salud, pero a partir de 2001 inició un plan para captar inversores mediante la emisión de Enten y una estafa siguiendo el modelo piramidal que vimos antes.

Nami prometía a los inversores captados por la compañía entre 2001 y 2007, una rentabilidad trimestral del 9% ó del 36% anual, para lo cual, aquellas personas que depositaban un mínimo de 100.000 yenes (unos 900 euros dependiendo del cambio), recibían la misma cantidad equivalente en Enten a través de su teléfono móvil, cantidad que podían recuperar al cabo de un año o utilizar para comprar artículos en línea, como ropa, joyería, habitaciones de hotel o comida de aquellas empresas que estaban adheridas a la empresa de Nami. Los Enten una vez que estaban en el poder de estas empresas eran recomprados por la empresa de Nami realimentando el proceso.

El objetivo que perseguía Nami era que el Enten acabara por convertirse en una moneda de curso legal, sin embargo, en Febrero de 2007, la compañía dejo de abonar los réditos prometidos y de manera unilateral informó a sus clientes que iba a convertir todas las inversiones a la divisa virtual, lo que provocó peticiones masivas para retirar los fondos y recuperar los yenes originales lo que llevó a la quiebra a la empresa.

Ilustración 35 Kazutsugi Nami al salir del juzgado

A Nami se le imputó por haber violado las leyes de inversión japonesas y hay quien le considera el **Bernard Madoff** japonés. Curiosamente si echáis un vistazo a esta historia en Internet, comprobaréis una afirmación que Nami hace cuando un periodista le preguntó si utilizaban los fondos aportados por los nuevos inversores para pagar a los más antiguos, a lo que respondió "**Es lo que hacen todas las empresas. No es un fraude.**", y el tío se quedó tan ancho.

Entonces...

Bernard Madoff fue presidente del Nasdaq, y procesado por un fraude piramidal usando el esquema de Ponzi por valor de 50.000 millones de dólares, fue sentenciado en 2009 a 150 años de prisión.

8.7. Prohibiendo que algo queda

No hace apenas unos meses llegó a mis manos la siguiente noticia "**Tailandia prohíbe la venta de Bitcoins al no considerarla moneda de cambio**" ¡Toma ya!, no puede decirse que en este caso no estemos ante una injerencia directa por parte del Estado ¿verdad? Tampoco es que nos sorprenda.

Como el titular de la noticia dice, el Banco de Tailandia ha prohibido la venta de Bitcoins al no considerarla moneda de cambio y debido a la falta de políticas para regular y controlar esta divisa. Lo más importante de todo esto es que se prohíbe y se considera ilegal, utilizar esta divisa para la compra venta de bienes o servicios en Tailandia, y además también lo es recibir o emitir transferencias al extranjero.

Todo ello ha sucedido dos meses después del intento fallido de registrar la moneda en el país para poder operar de manera legal operaciones que están reguladas por el Banco de Tailandia.

Aquí se pone el dedo en la llaga, el kit de la cuestión está en la palabra control, ¿cómo controlamos a Bitcoin? Es como preguntar ¿cómo le ponemos puertas al campo?, la revolución es imparable, no ha hecho más que comenzar y cómo Internet, nadie podrá pararla, quizá obstaculizarla cómo ha sucedido con otras redes como Bittorrent, pero que a la larga no ha servido para nada.

Pero esta situación que se ha dado en Tailandia y que he usado como excusa para iniciar este apartado, no es la única, **China** a principios de diciembre de 2013 prohibió el negocio de Bitcoin a las instituciones financieras, indicando que la moneda no era una amenaza para el sistema financiero **todavía**, pero que había que verla como un riesgo a tener en cuenta a futuro, aunque no prohibió las operaciones entre particulares.

Más tarde, el **entre el 15 y el 18 de Abril de 2014** los bancos chinos han decidido cerrar las cuentas que los operadores de Bitcoin tenían abiertas allí, como son los casos de **Huabi.com** con el **Banco Industrial y de Comercio de China o BTC Trade con el Banco Agrícola de China. Noruega, Corea del Sur, Francia, Alemania**... la lista es extensa, pero todos en mayor o menor medida, ya se encuentran levantando la bandera roja, y advirtiéndonos que esto de ir por libres, y hacer que el Estado pierda su mayor juguete de control de los ciudadanos, será una batalla que habrá que librar.

También la **Autoridad Bancaria Europea (EBA)** se ha posicionado diciendo en este caso, que el dinero sin regulación (o mejor dicho, **SIN su regulación**, Bitcoin se autoregula solo gracias) es susceptible de ser atacado por hackers expertos, y se quedan tan anchos, como si las entidades financieras no fueran víctimas de ataques de este estilo, o no se falsificaran tarjetas y billetes, o.... ¿para qué seguir verdad?

El último país en poner su granito de arena ha sido **Rusia**, quien a principios del mes de Febrero de 2014 declaró Bitcoin ilegal y junto con la suspensión de la cotización de Mt.Gox por "problemas técnicos" hicieron que el valor de la moneda cayera hasta algo más de los 400 dólares.

En **España** todavía no hay nadie que se haya posicionado de un modo claro, hay una nota informativa del Banco de España, en donde más que nada se insiste en los problemas que supone Bitcoin, más que en sus posibles ventajas y

> **Entonces...**
>
> Los problemas técnicos de Mt.Gox, se asociaron inicialmente a un bug conocido en el protocolo de Bitcoin, denominado **maleabilidad de las transacciones.**

oportunidades, lo que hace pensar que la respuesta no será muy diferente del resto de países.

El documento más serio que podéis encontrar sobre la situación de Bitcoin en el mundo es el que pertenece a **La Biblioteca de Derecho del Congreso de los Estados Unidos**, que hizo un estudio titulado "**Regulation of Bitcoin in Selected Jurisdictions**" en donde analiza la situación de Bitcoin en 40 países diferentes. Aunque para mantenerse actualizado de manera online, lo mejor es echar mano de la web www.bitlegal.net

Curiosa ha sido la reacción del congresista de los EEUU **Jared Polis** que a modo de sátira ha enviado una carta al Departamento del Tesoro afirmando que:

"el intercambio de billetes de dólar está actualmente desregulado y ha permitido a los usuarios participar en actividades ilícitas, como compra de bienes ilegales, transacciones anónimas o fraude fiscal, y, además, "puede ser objeto de falsificación, robo y pérdida"

Y pide que se actúe con rapidez y además:

"prohibir esta peligrosa moneda que podría dañar a la clase trabajadora estadounidense".

Cómo he dicho anteriormente, el acceso a una actividad

ilegal, es independiente del mecanismo monetario que se utilice.

8.8.   El Fraude Piramidal de Trendon T. Shavers

Este fraude habría pasado sin mayor pena ni gloria por el mundo, de no haber sido el primero en ser realizado usando Bitcoins, ya que la cantidad defraudada no se puede comparar con otras, pero veamos que pasó.

Esta estafa es relativamente reciente, de Julio de 2013, fecha en la que la **Comisión de Seguridad y Valores de Norteamérica (más conocida por SEC)**, acusaron a **Trendon T. Shavers**, un treintañero de Texas, por fraude realizado con el fondo de nombre Bitcoin Saving and Trust (algo así como Ahorro y Confianza de Bitcoin) que prometía a los inversores un retorno del 7% sobre la inversión realizada de forma semanal.

Durante 2011 y 2012, consiguió captar unos 700.000 Bitcoins (en su primera ronda de captación consiguió 66 inversores), que en 2011 tenían un valor de unos 3,5 millones de euros, pero que al cambio actual (Marzo de 2015) superan los 164 millones de euros, cifra nada despreciable, aunque muy lejos del dinero estafado por Madoff o por Nami.

La estafa sigue el esquema piramidal clásico, en donde los nuevos inversores pagan los intereses de los inversores más viejos, y para captarlos no utilizaba un sistema nada sofisticado, sino que anunciaba su negocio en **el Bitcoin Forum** bajo el sobrenombre de **"pirate"** o **"pirateat40"** (personalmente con semejante nombre no sé cómo alguien pudo fiarse, pero de buenazos está el mundo lleno) como el más rentable de todos los posibles negocios de inversión sobre Bitcoins, siendo necesaria una inversión inicial de tan solo 50 Bitcoins para comenzar.

Esa cifra hay que ponerla en perspectiva lógicamente, porque en la fecha en la que se inició la estafa, equivalían a poco más de 300 dólares.

En noviembre de 2011 anunció el cierre de Bitcoin Saving and Trust alegando que el crecimiento de la cantidad de inversores le estaban impidiendo gestionar los pagos con celeridad y pagar a tiempo, lo que provocó las sospechas de los inversores y la entrada en el escenario de la SEC. Dado que estos acontecimientos son tan recientes, la SEC está buscando la congelación de sus cuentas (más que nada para que no se siga dando la buena vida, porque se cree que unos 140.000 dólares han sido desviados para su uso y disfrute) y la imposición de sanciones legales, de momento está todo en el aire.

¿Qué debemos de sacar de esta noticia? Primero que hay que tener cuidado en donde invertimos, independientemente de la moneda que usemos.

Y que aunque hay quien busca en este tipo de noticias, la justificación para decir no a Bitcoin, vuelvo a insistir, ¿no existen estafas piramidales usando el dólar o el euro? El señor Madoff es un ejemplo de ello. ¿Los prohibimos también?

Ah que no podemos, que alguno se queda sin chiringuito.

8.9. Silk Road

Silk Road es otro de los casos que más notoriedad han tenido en estos últimos meses, no solo por el hecho de dedicarse a la venta de drogas por Internet sino porque han aprovechado que parte del dinero incautado ha sido en Bitcoins, **para criminalizar el uso de Bitcoin y propagar (otra vez) que es la moneda del delito**, ¡vamos como si con los dólares americanos no se financiera el narcotráfico!

Veamos qué es lo que ha pasado.

Silk Road fue creado **por Ross William Ulbricht**, aunque era más conocido por el sobrenombre de Dread **Pirate Roberts**. El site inició sus andaduras en Internet en febrero de 2011, después de un periodo de pruebas de tres meses, Al sitio los compradores podían registrarse de manera gratuita, mientras que los vendedores accedían al sistema, previa la adquisición de una cuenta vía un proceso de subasta, con el fin de evitar un acceso indiscriminado al servicio y asegurar la calidad de los productos vendidos. Se intentaba con esto filtrar que personas malintencionadas, distribuyeran productos contaminados o adulterados. De todas las ventas, el pirata Roberts se llevaba una comisión.

La mayor parte de lo que Silk Road vendía, está considerado como contrabando en prácticamente todo el mundo, y era posible adquirir productos tan saludables como la heroína, el LSD o el cannabis, por citar algunas de las drogas más conocidas.

Es curioso que la página no permitiera la venta de productos destinados a dañar a otros, los números de tarjetas de crédito, información personal de terceros, contratar asesinos o las armas de destrucción masiva, no estaban en el catálogo de venta. Entre alguno de los motes graciosos que han puesto a Silk Road, está el de **National Public Radio**, que lo bautizó como el "**Amazon de las drogas**", o el también "**simpático eBay de drogas escondido en un rincón oscuro del Internet conocido como TOR**", que le atribuyó **The Economist.**

Y he aquí donde aparece Bitcoin en escena, puesto que compradores y vendedores realizaban sus operaciones de compra y venta usándola, con un 99% de satisfacción entre las partes. ¡Toma ya! Y como el anonimato está casi garantizado, pues que podemos decir, el éxito era rotundo.

Es probable que de no haber tenido tanto éxito, los senadores norteamericanos **Charles Schumer** y **Joe Marchin,** no hubieran enviado cartas al Procurador General Eric Holder y a la responsable de la Administración Federal del Control de Drogas, **Michelle Leonhart**, solicitando la toma de medidas tanto contra Silk Road, como el software Tor y por supuesto Bitcoin.

Hay quien afirma que la motivación de Silk Road está en la de demostrar la posibilidad de poder **comerciar de manera libre con todo tipo de bienes individuales**, aprovechando las barreras tecnológicas que proporciona Internet.

Es muy curioso su perfil de Linkedin, porque va en este sentido. En él a parte de hablar de sus logros académicos, habla de cómo han cambiado sus objetivos y quiere utilizar la teoría económica como un medio para abolir el uso de la coacción y agresión contra las personas, centrando su atención en los Gobiernos como principales causantes de estos problemas, y diciendo que **para cambiar la forma de gobernar, hay que cambiar primero las mentes de las personas que son gobernadas**.

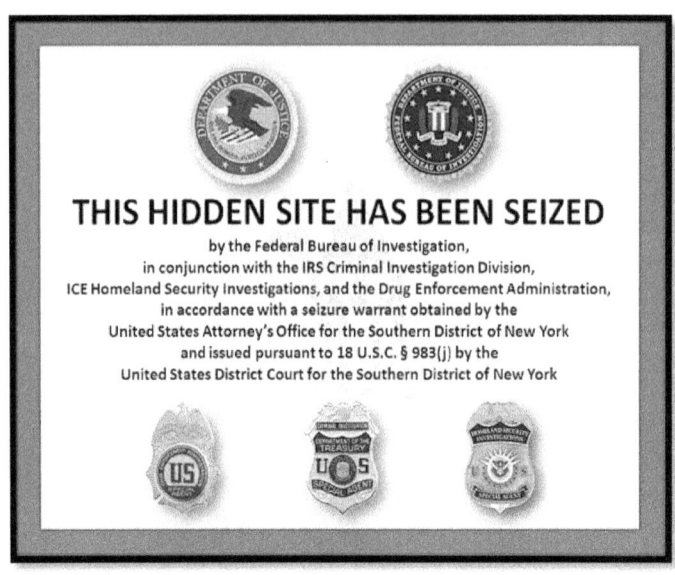

Ilustración 36 Imagen que encontramos en Silk Road después de su cese de actividad

Pero no se queda solo en esto, sino que añade que se encuentra trabajando en una simulación económica para proporcionar a las personas una experiencia en primera mano de lo que sería vivir en un mundo sin el uso sistemático de la fuerza. Aunque todas estas afirmaciones quedarían en nada si se llegara a demostrar que Roberts contrató a un sicario para acabar con la vida de un empleado de Silk Road, que supuestamente habría robado una cantidad de dinero de la empresa, antes de desaparecer y ser detenido por la policía. Y aunque el asesinato no se llegó a llevar a cabo, porque el sicario contratado resultó ser un policía, la cuestión está pendiente. Teniendo en cuenta la naturaleza del catálogo de productos que ofrecía SIlk Road, no destinados a dañar a terceros, al menos queda la duda.

¿Manipulación? ¿Verdad? ¿Quién mató a Kennedy? ¿Silk Road es la simulación? El debate está abierto y lo dejo aquí para que podáis también reflexionar sobre ello.

Pero no queda aquí la cosa, según el FBI ha conseguido tomar posesión de la billetera de Roberts con la nada despreciable cifra de 144.000 Bitcoin (al cambio de hoy unos 75 millones de dólares) y que equivaldría al 3,15% de todos los Bitcoins en circulación, pero con esto también hay algunas cuestiones abiertas que yo, simple mortal me pregunto, y cuando más adelante sigáis adentraos en el resto del contenido, comprenderéis en toda su magnitud, pero que dejo enunciadas aquí:

- ¿cómo sabe el FBI que la billetera es de Roberts? No hay manera de decir que una billetera es de una determinada persona salvo que ella misma diga "Ok, esa billetera es mía", se pueden llegar a conclusiones razonables como ya veremos, pero...

- ¿cómo han conseguido las claves privadas? Pues hasta donde yo he averiguado, no las han conseguido todavía, aunque según un portavoz del FBI, una vez se consigan, la idea es aprovechar la

- cotización del Bitcoin respecto al dólar y realizar un cambio de divisa que irá a parar directamente a sus arcas (las del FBI me refiero).

- ¿cuánto tardaran en conseguir las claves? Con la tecnología actual no sería posible, salvo que el FBI con ayuda de la NSA dispongan de un superordenador cuántico y puedan romper el cifrado. Aunque, siempre queda un método mucho más tradicional, rápido y barato, la tortura.

- ¿qué ha pasado con los 80 millones de dólares en comisiones (cifra que suma y sigue a medida que la cotización de Bitcoin se dispara) que según el FBI existen todavía circulando en billeteras pertenecientes a Silk Road?

Si tenéis un rato, no dejéis de leer el siguiente artículo, en donde se pone en entre dicho los métodos usados por el FBI en esta investigación:

http://techcrunch.com/2014/10/02/expert-witness-for-silk-road-suggests-fbi-lied-about-how-they-accessed-back-end-servers/

Para rizar el rizo en toda esta historia, que es digna de un guión para una película en Hollywood, resulta que ahora han aparecido dos científicos israelíes, **Dorit Ron y Adi Shimer** que afirman que es posible establecer una relación directa entre Satoshi Nakamoto (el misterioso creador de Bitcoin) y SIlk Road.

Esta afirmación se basa en que la mayor parte de las transacciones que se realizaban en Silk Road son de un monto relativamente pequeño, sin embargo, hay una **transacción de 1000 Bitcoins** que se realizó desde una de las primeras direcciones creadas al inicio del proceso de minería de Bitcoins, que va a parar curiosamente a una de las direcciones supuestamente controladas por Silk Road. Y digo supuestamente porque cómo decía anteriormente, salvo que el pirata Roberts diga que la billetera es suya, aún hay que demostrar que le pertenece.

Lo paradójico del asunto es que dado que el **Servicio de Impuestos de EEUU (IRS)**, emitió hace poco, un resolución afirmando que Bitcoin **debe ser tratado como una propiedad y no como dinero,** el abogado de William Ulbricht ha pedido que se retiren todos los cargos, porque si el Bitcoin no es dinero, ¿cómo podemos acusar a alguien de blanqueo? Desde luego una muestra más, que quienes nos dirigen lo hacen con los pies y no con la cabeza.

Entonces...

El multimillonario Tim Drapper (y creador de la incubadora de Bitcoin Vaurum), se ha hecho con 30.000 Bitcoin que fueron sacados a subasta por parte del gobierno americano. La idea era subastar esa cantidad en bloques más pequeños entre las 43 personas interesadas, sin embargo, al final Drapper compró todo.

Y ¿sabes lo mejor de todo y que demuestra que no se le pueden poner puertas al campo? Ya existe **Silk Road 2.0,** una versión mejorada de la difunta Silk Road y en donde se puede volver a comprar todo tipo de sustancias ilegales de manera anónima (incluso su administrador se hace llamar igual).

Como sucedió con el intento de evitar las descargas ilegales, **Napster murió pero con él no murieron las descargas**, y sucederá siempre, mientras Internet exista el único modo de acabar con este tipo de cosas es apagándola, pero aún así, estoy seguro que en el caso que Gobiernos intentaran cerrar la Internet oficial, una Internet paralela surgiría, es inevitable.

Es lo que tiene la libertad, que como la vida, siempre busca caminos de salir adelante.

8.10. El Penúltimo Capítulo del Culebrón: El Cierre de Mt.Gox

Cualquiera que lleve en el mundo de Bitcoin un par de horas (bueno vale, algo más que un par de horas) conocerá el nombre de **Mt.Gox**, por ser la operadora de Bitcoin más importante hasta el momento de su cierre, hecho que sucedió el pasado Febrero de 2014, y que dejó a los sufridos poseedores de Bitcoin en este operador (yo soy uno) con una cara de susto de la que aún nos estamos recuperando, menos mal que diversificamos las compras entre varios operadores.

Y eso que era algo que se veía venir, pero a veces y a pesar de ver que algo va a pasar, nos obcecamos en no hacer caso a las señales y pensar que todo seguirá tal cual, a pesar de que el cierre de Mt.Gox ha sido muy rápido, desde hace más de un año se aventuraba que la empresa o cambiaba de rumbo o no terminaría muy bien.

Como diría mi abuela Pepa: **"Santiago hijo, es que a veces eres muy cabezón."**

Mt.Gox fue lanzado en **Julio de 2010** y en tan solo tres años, llegó a convertirse en el mayor operador de Bitcoin a nivel mundial, para que os hagáis una idea de su importancia, basta decir que en 2013 el **70% de todas las transacciones de Bitcoin** se efectuaban a través de él y según Bitcoin Charts, **en Mayo de 2013 el volumen medio era de 150.000 Bitcoin al día.**

Pero hagamos un poquito de historia que eso nos ayudará a poner en contexto lo sucedido. Vayamos al año 2006 y fijémonos en un tal **Jed McCaleb**, probablemente el nombre no te dirá nada, pero si pensamos que detrás de él están los proyectos **eDonkey2000, Overnet** y quizás el más importante **Ripple** (volveremos a McCaleb en el libro 2), podemos decir que el muchacho tiene unas cuantas buenas ideas por la cabeza.

Fruto de estas ideas fue el site Mt.Gox, pero ¡ojo al dato! Porque el nombrecillo viene de "**M**agic: **T**he **G**athering **O**nline **EX**change" (he puesto en negrita las letras usadas para formar las de Mt.Gox), y que sería algo así como un sitio de intercambio de compra/venta de las tarjetas del popular juego de magia.

Pues no ha dado de si la cosa dirán algunos, y otra vez más, no les faltará razón.

El dominio **mtgox.com** fue adquirido en Enero de 2007 y el site descrito puesto en marcha como una beta a finales de ese mismo año. No obstante, McCaleb, no tenía mucho tiempo para este proyecto, y a los tres meses de su puesta en funcionamiento, lo abandonó para dedicarse a otras cosas, aunque mantuvo el control del nombre y en 2009 lo llegó a utilizar para anunciar su juego de cartas "**The Far Wilds**"

Pues no ha dado de si la cosa dirán algunos, y otra vez más, no les faltará razón.

El dominio **mtgox.com** fue adquirido en Enero de 2007 y el site descrito puesto en marcha como una beta a finales de ese mismo año. No obstante, McCaleb, no tenía mucho tiempo para este proyecto, y a los tres meses de su puesta

> **Entonces...**
>
> Recientemente, McCaleb ha revelado que se encuentra trabajando en un proyecto secreto que estaría relacionado con Bitcoin, aunque en sus propias palabras "será algo bueno para Bitcoin y algo bueno para ti". Teniendo en cuenta su trayectoria estoy seguro que será algo muy interesante.
>
> Actualmente está buscando alpha testers, y ha creado la página **secretbitcoinproject.com.**

en funcionamiento, lo abandonó para dedicarse a otras cosas, aunque mantuvo el control del nombre y en 2009 lo llegó a utilizar para anunciar su juego de cartas "**The Far Wilds**"

En **Julio de 2010** y después de leer sobre Bitcoin en **Slashdot**, decidió que la naciente comunidad Bitcoin necesitaría una herramienta que permitiría realizar intercambios de Bitcoin con las monedas de uso corriente, así que el **18 de Julio de 2010**, creó una nueva web para realizar este tipo de operaciones y reutilizó el nombre de Mt.Gox.

Fue en **Marzo de 2011** cuando McCaleb decidió vendérselo a **Mark Karpeles** (éste se hacía llamar **Magicaltux** en los foros online por entonces), a pesar de creer que el futuro de Bitcoin era brillante, el tiempo que tenía disponible para desarrollar el potencial de Mt.Gox era a su juicio insuficiente y prefería que otro ocupase su lugar y pudiera llevarlo al lugar que se merecía (aquí no valen chistes facilones de decir que sí, que lo ha llevado a la quiebra, a Mt.Gox quiero decir, que no a Bitcoin).

Entonces...

El juego **"Magic: The Gathering"** fue desarrollado en 1993 por **Richard Garfield**, y es considerado como el primer juego de cartas moderno con más de seis millones de jugadores en 52 países. A parte de la versión estándar, hay una para poder jugar online.

El precio de las cartas dependen de su utilidad y de su rareza, que varían de 0,08€ las más normales, hasta los más de 2000€ de la carta **Black Lotus.**

Curiosamente, aunque la propiedad de Mt.Gox pasó a manos de Karpeles, McCaleb ha seguido ligado a la empresa como directivo y controlando el 12% de la compañía, estando el 88% restante en manos de Karpeles. Cómo consiguió Mark el dinero para comprar Mt.Gox o de cuánto fue la compra, es otro de los misterios que hasta la fecha sigue sin estar muy claro.

Y **¿quién es Mark Marie Robert Karpeles?** Pues en su biografía aparecen algunos datos al menos curiosos, y que pueden tomar más relevancia ahora que Mt.Gox ha cerrado y que demuestran que la personalidad de este hombre, es de lo más inestable y probablemente sea la persona menos indicada a la que habría que haber dejado gestionar nuestro dinero.

De origen francés (**Chenôve**) y nacido en 1985, toda su trayectoria profesional y personal podía seguirse y era publicitada **por él mismo en su blog**, ahora cerrado. Laboralmente destaca los problemas con sus empleadores, que en más de una ocasión le despidieron por su bajo rendimiento y su poco interés por el trabajo, algo que choca con su corta carrera profesional.

De esta carrera cabe destacar:

- el puesto que tuvo durante los años 2003 a 2005 en **Linux Cyberjoueurs** como desarrollador de software y administrador de red. Es **despedido** de esta empresa por pasar más tiempo chateando que realizando sus labores de programación.

- en 2005 se muda a Israel para trabajar en la empresa **Fotovista**. Es **despedido** al descubrirse que pasa más tiempo trabajando en sus proyectos personales (la web Ookoo.org) que haciendo su trabajo.

- en 2009 se traslada a Japón, al comprar la japonesa **NEXWAY Comp.,** Ltd la empresa Telechargement.fr para la que trabajaba.

Y paralelamente a lo anterior:

- **colaborador y programador PHP**, haciendo contribuciones al repositorio oficial del lenguaje creando una herramienta llamada proctitle, que permite cambiar el nombre de un proceso sobre sistemas Linux.

- socio de **Mensa**, la famosa organización que solo acoge entre sus miembros a personas con un alto cociente intelectual.

- en algunas entradas de su blog, publica los momentos en los que se encuentra deprimido y no es raro encontrar alusiones a **pensamientos asociado al suicido**.

Publicado su blog, éste cuenta que cuando era adolescente, fue encontrado culpable **de un delito financiero realizado por ordenador y relacionado con un fraude de transferencia de dinero**. Por este motivo estuvo durante una temporada sin poder abandonar Francia, teniéndose que presentar de manera regular en los juzgados.

Cuenta que el psiquiatra que lo examinó concluyó que no era responsable de sus actos y que podría haber estado influenciado por el uso de cannabis, aunque el aseguraba que nunca había consumido sustancias de este tipo. Aunque fue acusado, la sentencia se suspendió a los tres meses y no quedó rastro en sus antecedentes penales.

De su vuelta por Israel a Francia, volvió a tener problemas con la justicia y pasó 13 horas detenido por el **BEFTI (Brigada de Investigación del Fraude en Tecnologías de la Información),** aunque fue puesto en libertad posteriormente y solo tuvo que hacer una declaración.

Recientemente y después de lo sucedido, fuentes anónimas dentro de Mt.Gox y entrevistadas por algunos medios, han dicho de Karpeles que le gustaba ser alabado continuamente y que se le considerase como el "**rey del Bitcoin**", y ser CEO de una gran compañía, pero que en el fondo, las tareas de las que es responsable alguien con este cargo y **el día a día, le aburrían**. Algo que no nos sorprende después de saber más sobre su trayectoria profesional.

Esta opinión va un poco en la línea que cuenta su madre (si, si, a la madre del señor Karpeles, **Anne Karpeles**, también la han entrevistado) y ha dicho que **su hijo no es**

Ilustración 37 Mark Karpeles (Fuente Yahoo News)

deshonesto pero que **carece de habilidades sociales y es un pobre comunicador**, una persona muy introvertida, de la que cualquiera se puede aprovechar y asegura que esto le pasaba de pequeño cuando sus compañeros de clases le utilizaban para que les hiciera los deberes.

También cuenta que **no era un buen estudiante** y la mayoría de las asignaturas le resultaban aburridas, y que como sucede a cualquier niño superdotado, pasó de colegio en colegio teniendo muchos problemas con sus profesores. No conseguía que le interesara nada hasta que entro en contacto con los ordenadores, gustándole la programación en PHP que aprendió de manera autodidacta. Karpeles nunca llego a tener estudios universitarios.

Lo más extraño, es que su madre asegura que ella **no tenía noticias de que su hijo estuviera involucrado detrás de Mt.Go**x hasta que los periodistas se pusieron en contacto con ella, y que fue entonces cuando consultó la Wikipedia para obtener más información.

Y es que hablamos muy poco con nuestros padres, ¿no es cierto, mamá? ;-)

Circula por la Red también, los comentarios de otra persona que fue entrevistada para formar parte de la compañía como desarrollador y que quedó escandalizado ante la forma de trabajo que se seguía en Mt.Gox, en donde se carecía de repositorio de código y todas las revisiones que se hacían, antes de ponerse en marcha, tenían que ser supervisadas por el señor Karpeles, con los consiguientes retrasos asociados a su aparente, poco profesional, conducta.

Como cualquier otro sitio web, Mt.Gox no se ha visto libre de los ataques hacker, y al ser el site con mayor volumen de operaciones, la cotización de Bitcoin ha fluctuado en función de las informaciones que a este respecto se publicaban.

Según **Jesse Powell y Roger**, dos de las personas que ayudaron a Karpeles a resolver problemas del ataque, comentan que éste se mostraba extrañamente despreocupado ante la comprometida situación.

Situación que no se veía favorecida cuando aparecían problemas legales con otras empresas, fallos técnicos que obligaban a cortar el servicio o tal vez lo más importante, la regulación estatal.

A partir de Abril de 2013 hay algunos acontecimientos que bien pudieron influir en el cierre posterior del site y que están muy relacionados con cómo se gestiono Mt.Gox en su relación con el gobierno americano.

Entonces...

Un repositorio de código, es un lugar en donde los desarrolladores ponen los programas que realizan (el código fuente) para que otros programadores puedan hacer cambios. De este modo se evita que el trabajo de un desarrollador, pueda ser destruido (de manera accidental o no) por otro. Además es posible tener diferentes versiones de un programa, y llevar un control exhaustivo de lo que sucede sobre él.

La presión por parte del **FinCEN (U.S Treasury Departmet's Financial Crimes Enforcement Network)**, un organismo norteamericano destinado a perseguir delitos financieros, declaró que las empresas de intercambio de Bitcoin, tenían que registrarse para poder operar en los EEUU, **elaborar programas para evitar el lavado de dinero e informar de cualquier actividad sospechosa**.

Probablemente estas declaraciones fueron las culpables de la caída que la moneda tuvo entre el 10 y el 17 de Abril de 2013, donde se pasó de 237$ a poco más de 68$, como dice el refrán el dinero es miedoso.

Poco después, durante el periodo de tiempo que va desde Mayo a Julio de 2013, el **Departamento de Seguridad Nacional de EEUU**, confiscó fondos de Mt.Gox por valor de 5 millones de dólares, amparándose en un estatuto federal americano sobre lavado de dinero. Seguramente esta medida estuvo relacionada con la parada técnica que en Junio de 2013, Mt.Gox realizó deteniendo temporalmente la retira de dólares de su sistema.

Entonces...

La presión de FinCEN ha sido siempre tan fuerte, que otro operador, **Bitfloor** tuvo que cerrar, al ser sus cuentas intervenidas por no haber sido registrada de manera correcta.

De igual modo, Mt.Gox no se registró de manera inmediata en FinCEN y esto ha podido también precipitar su caída, pero no sólo eso, en un email del 13 de Abril, Karpeles afirma que el destino de Bitfloor no será el que siga Mt.Gox ya que ellos siguen una política contra el lavado de dinero muy estricta, así como buenas relaciones con todas las partes para asegurar que todo funciona tan bien como sea posible.

Pero ¡ojo al dato! no fue hasta **Octubre de 2013**, después de pegarse de bruces con la administración americana cuando Karpeles contrató a un directivo para hacerse cargos de los temas regulatorios.

Todo este despliegue de medios americano, son los que se postulan como los causantes de que **Mizuho Bank**, el banco japonés que gestionaba los fondos de Mt.Gox en Tokio, presionaran en los meses posteriores para que la compañía cerrara sus cuentas con ellos.

Los **inicios de 2014 iban a ser los que asestaran el golpe definitivo a Mt.Gox**, aunque Karpeles parece ser que no se preocupó realmente de la situación hasta mediados de Febrero. Durante Enero, y según fuentes anónimas de Mt.Gox, Karpeles pasaba más tiempo **viendo series de animé y episodios de Breaking Bad**, que dirigiendo su empresa, y se enfocaba sobre todo en temas logísticos de una **cafetería** que pensaba lanzar en el mismo edificio en donde estaba Mt.Gox, consultando a chefs franceses y expertos en café. Puede parecer surrealista, pero cuando el rio suena…

El **23 de Febrero de 2014, Karpeles renunció a su puesto en la dirección de la Bitcoin Foundation**, algo que parecía el anuncio de lo que llegaría una semana más tarde y que puede resumirse en el siguiente email que todos los clientes recibimos:

26 de febrero de 2014

Estimados clientes de MtGox,

Como hay una gran cantidad de especulaciones sobre MtGox y su futuro, me gustaría aprovechar esta oportunidad para tranquilizar a todo el mundo y decirles que todavía estoy en Japón, y trabajando muy duro con el apoyo de diferentes partes para encontrar una solución a nuestros problemas recientes.
Además, me gustaría amablemente indicarles que se abstengan de hacer preguntas a nuestro personal: han recibido instrucciones de no dar ninguna respuesta ni información. Por favor, visite esta página para obtener más anuncios y novedades.

Atentamente,

Mark Karpeles

El **28 de Febrero de 2014, Mt.Gox se declara en bancarrota** y suspensión de pagos, al no poder hacer frente a los cerca de **750.000 Bitcoin de clientes** y otros **100.000 Bitcoin propios**, que habrían sido robados, aprovechando un bug en el protocolo Bitcoin conocido desde 2011 y que tiene que ver con la **maleabilidad de las transacciones** (veremos en qué consiste esto de la maleabilidad en el libro 4, de momento considerarlo como un fallo técnico no resuelto). En su declaración afirmaba que habían perdido el 99,97% de los Bitcoin que tenían en posesión y que ni él ni ninguno de sus empleados se habrían dado cuenta de ello, cosa que no deja de ser un poco rara ya que según sus propias declaraciones, el robo se habría ido produciendo poco a poco y a lo largo de los meses.

Y partir de aquí, ¿ahora qué? Pues han pasado muchas, muchas, muchas cosas desde entonces y todas no dejan de ser **sorprendentes, confusas y en muchas ocasiones contradictorias**. Por un lado, Mt.Gox publica noticias sobre el estado en que se encuentra su proceso de bancarrota, en su página web y recientemente ha dejado a los usuarios que **consulten sus saldos en sus cuentas**, pero sin ir mucho más lejos. Es más, la propia Mt.Gox advierte que:

"la confirmación de los saldos no constituye una presentación de reclamaciones de restitución ni suponen un reconocimiento alguno de deuda."

Pues qué bien ;-(

Por otro lado, el **7 de Marzo de 2014**, Mt.Gox anunció que había encontrado **200.000 Bitcoin en una billetera con un formato antiguo**, lo que reduciría el agujero a 650.000 Bitcoin (nada más).

Sin embargo, ni siquiera esta buena noticia está libre de polémica, porque aunque el anuncio lo hizo el mismo Karpeles, indicando que el dinero se movería de las billeteras **online** a otras **offline** (con el conocimiento de las autoridades japonesas) las fechas en las que se supone se realizaron los movimientos 14 y 15 de Marzo de 2014, no coinciden con las fechas que aparecen registradas en la

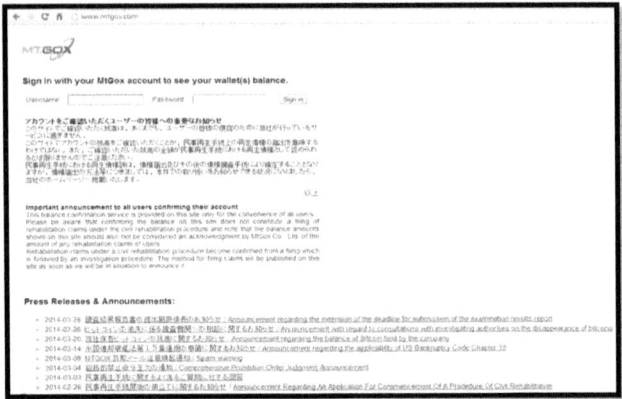

Ilustración 38 Mt.Gox actualmente

cadena de bloques.

Las últimas investigaciones efectuadas por las autoridades de Japón, indican que la manera en la que Mt.Gox gestionaba los fondos **de los clientes no era transparente** y se utilizaban para cubrir **los costes operativos de la empresa y soportar su expansión.** Y es que de ser cierto, fueron los propios empleados de Mt.Gox los que pidieron una reunión con Karpeles, para que éste explicase que sucedía con los fondos depositados por los clientes, y que no estaban, siendo **usados para costear ciertos lujos**, entre los que estarían un robot, una impresora 3D, un Honda Civic importado, o el alquiler de las oficinas de Tokio en la misma zona en donde Google está ubicado.

Además, para hacer más interesante toda esta historia, un **grupo de hackers ha filtrado** después de entrar en los servidores de la compañía (unos días antes del anuncio de la bancarrota), un fichero de más de 700 Mb (una pequeña parte de los más **de 20Gb que se especula han**

conseguido), en donde había numerosas hojas de cálculo con registros de transacciones, y que demostraría que hay **muchas contradicciones** entre el supuesto ataque y robo sufrido por Mt.Gox. Es decir, que de un supuesto ciberataque pasamos a hablar de **un fraude de tomo y lomo** que podría dar con los huesos del señor Karpeles entre rejas, aunque esto no deja de ser una mera hipótesis, porque no podemos olvidar la naturaleza alegal de Bitcoin y la falta de legislación que hace que todos los escenarios puedan ser posibles.

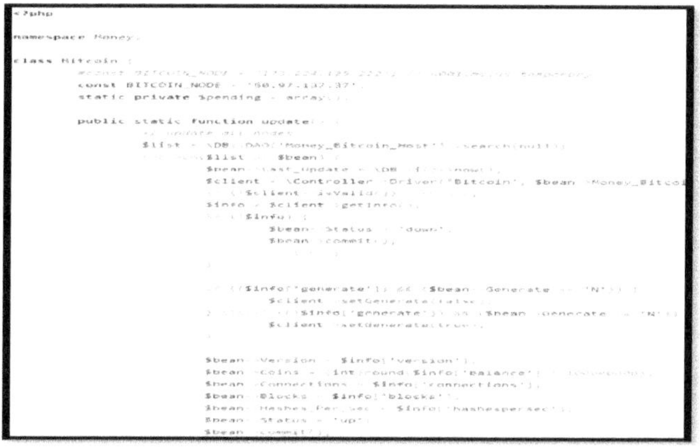

Ilustración 39 Fragmento del código Mt.Gox filtrado

No obstante, la teoría del fraude va cobrando cada vez más peso, y Karpeles ha sido llamado a declarar por un **juez de Dallas** (Texas), y también por **la Red de Cumplimiento de Crímenes Financieros del Departamento del Tesoro de EEUU** (una división contra el lavado de dinero), y dado que sus abogados creen que será detenido nada más poner los pies en el país, y seguirá los pasos de **Charlie Shrem** que está bajo arresto domiciliario (es propietario de **Bitinstant**, operador de Bitcoin que ha sido cerrado por blanqueo de dinero), se está barajando la posibilidad de que otra persona asuma el cargo de la compañía y sea esta la que comparezca en representación de Karpeles, y de este modo evitar su detención.

Desde luego no se puede negar que no tiene cara dura!

Y es que poco a poco los afectados por Mt.Gox, se estima que hay 127.000 afectados, **se están organizando para reclamar a la empresa responsabilidades, en este sentido**, los casos de denuncias más sonados hasta el momento, han sido:

- la de **Gregory Greene**, un residente de Illinois que asegura haber perdido 25.000 dólares y que ha incluido incluso al mismísimo Jed McCaleb como denunciado.
- el de los comerciantes de Bitcoin canadienses que han presentado una demanda conjunta contra Mt.Gox y contra **Mizuho Bank**, el banco japonés con el que operaba Mt.Gox, y al que acusan de haberse enriquecido a sabiendas.

En español os recomiendo que echéis un vistazo a la **plataforma de afectados por el cierre de Mt.Gox**, en donde publican puntualmente información sobre el proceso de quiebra, y que está disponible en:

http://afectadosmtgox.blogspot.com.es/

Para darle más morbo a todo esto, **un grupo de inversores**, entre los que estarían **Brock Pierce** (fundador de KnCMiner y GoCoin), **John Betts** (directivo de Morgan Stanley y Goldman Sachs) que podría ser el nuevo CEO y **William Quigley** (de Clearstone Venture Partners), se han ofrecido a comprar Mt.Gox por el **precio simbólico de 1 Bitcoin**, asumiendo todas las obligaciones que se deriven de esta adquisición, aunque para poder llevarla a cabo se requiere que desde los tribunales japoneses se dé el visto bueno.

En el plan de compra se **habla de dos alternativas** para hacer frente a los acreedores, la primera sería que los nuevos propietarios reducirían las comisiones por transacción que perciben en un 50%, de este modo, irían pagando a los acreedores poco a poco. La otra opción es que de los 200.000 Bitcoin recuperados, cada acreedor recibiría una parte prorrateada de los mismos a razón de un 20% del dinero que tuvieran en ese momento en Mt.Gox, u obtener una participación por ese mismo valor en el nuevo Mt.Gox.

La petición de rehabilitación de Mt.Gox cuenta con una **campaña de recogida de firmas en Internet**, a la que cualquier afectado se puede sumar.

Sin embargo, y como decía, estas buenas intenciones necesitan que los tribunales japoneses den su visto bueno, cosa que no están por la labor de hacer, por lo que lo único que le resta a Mt.Gox **es liquidarse y desaparecer** para siempre.

8.11. ¿Quién es Satoshi Nakamoto?

Mucho se ha hablado y se hablará durante mucho tiempo más, sobre quien es en realidad Satoshi Nakamoto. Lo que nadie puede poner en duda es que, sea una persona o un grupo de personas las que están detrás, su nombre quedará para la historia asociado al de Bitcoin, como **creador y desarrollador inicial.**

Vamos a ver qué cosas sabemos a día de hoy sobre él. Lo que viene a continuación es una recopilación de lo que se puede encontrar en la Wikipedia, foros, blogs, listas underground, y demás fuentes, por lo que la especulación y la inexactitud estoy seguro que estará presente (no podría ser de otro modo), **así que si has oído o leído algo diferente a lo que cuento yo, puede que estés más cerca de la verdad ;-) de lo que lo estoy yo**, hecha la advertencia, sigamos.

El origen de Nakamoto **podría ser japonés**, aunque esto es una suposición que se basa en lo declarado en su perfil de la **P2P Foundation**, en donde aparece que es de origen nipón y que tiene una edad de 37 años. A partir de ahí se saben pocos datos con certeza, salvo que estuvo implicado en el desarrollo del proyecto Bitcoin desde 2007 y que fue reduciendo sus aportaciones hasta finales de 2010. **A día de hoy se da como cierto que no participa activamente en su desarrollo.**

La clave PGP que utilizó se creó unos pocos meses antes de la fecha del bloque génesis de Bitcoin.

¿Por qué se pondría alguien manos a la obra para hacer algo como Bitcoin? Buena pregunta, pues en casi todos los sitios hacen referencia a una posible pista que dejó en el bloque génesis de Bitcoin, y que dice literalmente "The **Times 03/Jan/2009 Chancellor on brink of second bailout for banks**". Este titular apareció obviamente en "The Times" el 03 de Enero de 2009 y se refiere

Este argumento sería bastante sólido si además tenemos en cuenta las siguientes citas que se le atribuyen:

"Sí, [no encontraremos una solución a los problemas políticos en la criptografía,] pero podemos ganar una batalla crucial en la

carrera armamentística y ganar un nuevo espacio de libertad por varios años."

"A los Gobiernos se les da bien cortar las cabezas de una red con control centralizado como Napster, pero las redes P2P (redes entre pares) puras como Gnutella y Tor parecen estar resistiendo."

"Resulta muy atractivo al punto de vista libertario si conseguimos explicarlo bien. Soy mejor con el código que con las palabras, sin embargo."

Hay quien a partir de la primera versión del software y de los mensajes publicados **ha hecho algunas conjeturas** sobre la personalidad de Nakamoto, en los términos siguientes: la versión 0.1 del cliente de Bitcoin solo apareció para Windows, y no disponía de interface de línea de comandos. Fue compilada usando Microsoft Visual Studio, y tiene **un formato de código irregular**, elegante en ciertos aspectos y menos cuidado en otros, por lo que se especula que el autor tiene una **gran cantidad de conocimiento teórico pero no tantos a nivel de programación**, aunque curiosamente, esta versión 0.1 era muy completa cuando se distribuyó, y si es cierto que sólo trabajó él en el proyecto, debió dedicarle muchas horas.

Dado que **el código no fue documentado nunca en japonés**, se duda que su origen pueda ser realmente este país y se cree como más probable **un origen británico** por el uso que hace del inglés, aunque intenta introducir cuando escribe, giros americanos para enmascararlo sin mucho éxito.

Todos estos aspectos: código irregular, cantidad de trabajo realizado y el uso del lenguaje, son los que sugieren que Nakamoto no puede ser una sola persona, **sino el esfuerzo**

colaborativo de un grupo de desarrollo con las ideas muy
claras. En caso de ser una sola persona, desde luego sería
un maestro del juego del despiste.

En el desarrollo del cliente al principio solo trabajaba él (o
ellos), y todas las modificaciones posteriores son suyas.
Raramente aceptaba contribuciones, hasta que en 2010 fue
contactando con otros desarrolladores y cedió el proyecto a
Gavin Andresen antes de desaparecer definitivamente.

Entonces...

Aunque **Gavin Andresen** ha cedido recientemente su
puesto a **Wladimir van der Laan** para tener más tiempo
como jefe científico de la **Fundación Bitcoin**.

A parte de esta información que acabo de resumir en los
párrafos anteriores, poco más se puede saber sobre Satoshi
Nakamoto, pero es ahora cuando viene la parte más
divertida de toda la historia. El penúltimo capítulo en la
búsqueda, de quien es Satoshi Nakamoto, lo ha escrito la
revista Newsweek, desvelando a su juicio quien es el
verdadero Satoshi el **pasado 6 de Marzo de 2014**.

Para los reporteros de esta revista, se trataría de **Dorian
Prentice Satoshi Nakamoto**, un japonés-americano de 64
años de edad y que viviría a las afueras de **Los Ángeles en
California**. A nivel biográfico los datos que se han
recopilado de él han sido por **terceras personas**, y no
porque Dorian haya hecho declaraciones.

Según parece nació en la **Beppy** (Japón) en 1949 y se mudo
a California con su madre y hermanos al finalizar la
Segunda Guerra Mundial. Estudió en la **Universidad**

Politécnica de California y trabajó para varias empresas importantes como Hughes Aircraft, Radio Corporation of America, la Federal Aviation Administration y otras compañías tecnológicas. Actualmente Dorian está jubilado, vive en Temple City (California), es aficionado a los trenes en miniatura, conduce un Toyota Corolla y sigue un modo de vida muy modesto, que contrastaría con la supuesta riqueza que atesora en forma de Bitcoin.

Según la periodista Leah McGrath Goodman, que entrevisto al supuesto autor, éste dijo y cito:

"Ya no estoy involucrado en esto y no puedo discutir sobre ello"

Para a continuación rechazar todas las preguntas que se le hicieron posteriormente. Como era de suponer, el aluvión de críticas no tardó en llegar, cuestionando los métodos utilizados para realizar la investigación, y poniendo en tela de juicio, si no estaríamos ante un intento por poner en primera línea a Newsweek, después de los problemas financieros a los que la revista se ha enfrentado en los últimos años para subsistir.

Y es que Dorian, ha negado cualquier implicación y afirma que desconocía la existencia de Bitcoin hasta hace pocas semanas, cuando después de ser contactado por la reportera en el mes de Febrero, su hijo le llamó y utilizo el término:

"Después de que me hubiera contactado una reportera mi hijo me llamó y utilizó la palabra, la cual jamás había oído con anterioridad"

Entonces...

Newsweek fue fundada en 1933 por **Thomas J.C. Martyn** y adquirida en 1961 por The Washington Post. Los problemas financieros de Newsweek hizo que The Washington Post acabara vendiéndola en 2010 por el precio simbólico de un dólar, al magnate de equipos de sonido Sidney Harman.

Antes de su muerte, ocurrida al año siguiente, Harman unió Newsweek con el sitio The Daily Beast, de IAC/InterActiveCorp., con Tina Brown como editora, en una acción que buscaba ayudar a ampliar su audiencia en línea.

El plan fracasó y Newsweek canceló su versión impresa al final de 2012. La revista digital fue vendida en agosto pasado por una cantidad no revelada a IBT, propietaria de publicaciones en línea como International Business Times, Medical Daily y Latin Times.

El artículo estrella para conmemorar sus 80 años de historia y reedición en papel, sería precisamente el haber encontrado a Satoshi Nakamoto.

La pregunta que muchos nos hacemos es: ¿estamos ante la verdad o es un simple mecanismo barato publicitario para relanzar la versión impresa otra vez?

Añadiendo que poco tiempo después, la reportera se presentó en su casa y que él llamó a la policía, dado que nunca dio su consentimiento para ser entrevistado. Y ha dicho que sus palabras fueron malinterpretadas, aludiendo a que el inglés es su segundo idioma. Os dejo lo que en declaraciones posteriores Dorian dijo al reportero de **The Associated Press** que le entrevisto posteriormente y quien le pregunto sobre la frase anterior:

"Estoy diciendo que ya no estoy en la ingeniería, eso es todo y aún si lo fuera, cuando nos contrataron yo firmé un documento... un contrato diciendo que no divulgaría ni revelaría ninguna información durante y después del empleo, así que eso es lo que he dado a entender. Sonaba como si estuviera involucrado antes con Bitcoin y miro como estoy involucrado ahora, eso no era lo que quería decir, quiero aclarar ese malentendido, no reglamentado e inestable".

Ante estas afirmaciones, **Leah McGrath Goodman** apareció en programas de **Bloomberg TV** y **CBS Morning News** para defender su reportaje ante el desmentido de Dorian Nakamoto de que él es el padre de Bitcoin. La propia Newsweek ha emitido un comunicado sosteniendo la veracidad de la investigación y la necesidad de tener que contratar seguridad para Goodman ante las amenazas que la periodista ha recibido, aunque incluso aquí mucha gente opina que la revista se precipitó al publicar el reportaje antes de tiempo y sin conclusiones claras. Para echar más leña al juego, el propio hermano de Nakamoto, afirmó a Newsweek que su hermano negaría todo.

El editor de Newsweek, **Jim Impoco**, dice que estaba preparado para la tormenta de críticas y defiende el artículo diciendo que la investigación fue realizada siguiendo los mismos estándares de calidad que han guiado a la revista en sus 80 años de historia.

Ilustración 40 Dorian Satoshi Nakamoto

Después de estas nuevas declaraciones de Newsweek, Dorian ha contratado al abogado, **Ethan Kirschner**, para a través de él hacer un comunicado oficial en el que vuelve a negar su implicación en la creación de Bitcoin y al que de momento Newsweek no ha contestado:

"No cree, inventé o trabajé de ninguna manera con Bitcoin. Niego sin reservas el reportaje de Newsweek"

Pero, **¿habría un método fácil de saber si este hombre es en realidad el personaje que buscamos?** Difícil de contestar por no decir que imposible, lo que no sería tan difícil sería que alguien de manera voluntaria demostrase que es el padre de Bitcoin, ¿cómo? Muy sencillo y lo entenderéis mejor cuando lleguemos al libro 3 sobre criptografía y veamos el concepto de clave pública y privada.

Por resumirlo mucho y para lo que ahora nos importa, nos basta con saber que **una clave pública solo pertenece a una clave privada**, dado que la clave pública de Satoshi Nakamoto **es pública y conocida** (más arriba la tenéis), bastaría con que firmase un mensaje con su clave privada y lo distribuyera para que todos pudiéramos descífralo usando la clave pública y decir a coro, "vaaaaaallleeeee, tú creaste Bitcoin", o al menos fuiste lo suficientemente inteligente como para robar la clave privada a su legítimo propietario y ahora hacerte pasar por él.

Personalmente y después de leer el artículo, opiniones varias, y las declaraciones de Dorian, creo que **desde Newsweek se han columpiado de lo lindo** y que este pobre hombre se ha llevado un susto de cuidado, aunque quien sabe, igual puede aprovechar el tirón y aparecer en un par de programas de televisión previo paso por caja, o porqué no, denunciar a Newsweek por difamación, ¿cómo lo veis?

8.12. Una de espías

Lo más gracioso de todo el asunto es que la historia sobre quién es el padre de Bitcoin no acaba con lo que acabamos de ver, aún hay más, sobre todo si os gustan las teorías de la conspiración, sois fans de 007 y el mundo del espionaje os apasiona. Si os ha parecido divertida la historia de Newsweek, no dejéis de leer lo que sigue a continuación.

¿Os acordáis de un tal **Edward Snowden**? Bueno pues resulta que entre algunos de los documentos secretos revelados, hay uno **que relaciona de manera directa a la NSA (National Security Agency),** la famosísima Agencia de Seguridad Nacional estadounidense, y Bitcoin.

Ilustración 41 Edward Snowden (Wikipedia)

Y no las relaciona de cualquier modo, todo lo contrario faltaría más, en un memorando de nombre "**Operación Satoshi**", sería la propia **NSA los padres de la criatura**, quienes la habrían creado bajo la apariencia de ser una moneda irrastreable y anónima, cuando lo cierto es que se comportaría más como una especie de **caballo de Troya monetario**, y dado que el que la usa, lo hace de manera voluntaria, estaría entrando en el juego de la NSA sin saberlo, y creyéndose a salvo de los tejemanejes de los Gobiernos y Estados, en este caso del estadounidense.

Todo un guión digno de un Oscar.

Sin embargo, vamos a suponer que estuviera la NSA en la concepción original de Bitcoin, ¿qué pasaría?, ¿estaría comprometido Bitcoin? Yo os doy mi punto de vista y que cada cual saque sus propias conclusiones.

Que la NSA quiera controlar Bitcoin **no es algo que pueda sorprendernos**, lo raro sería que no quisiera hacerlo, (por ejemplo, no hace mucho que se ha conocido que el error denominado como **Heartbleed** en el protocolo **OpenSSL** ha podido ser explotado por las agencias americanas por años). Pero no seamos ilusos, ¡ojala solo fuera la NSA!, vamos que no hay quien se pueda llegar a creer que los rusos, los chinos, los británicos, los alemanes, los israelíes... o cualquier otro servicio secreto no está interesado en lo mismo que la NSA, por mucho que sus países se hayan posicionado en contra de Bitcoin. Otra cosa es el nivel de recursos de los que dispongan para hacerlo y no puedan, porque de interés, de eso os aseguro van sobrados.

Entonces...

Edward Joseph Snowden, es un consultor tecnológico americano, antiguo empleado de la CIA y de la NSA. Se hizo famoso en Junio de 2013, cuando a través de los periódicos **The Guardian y The Washington Post,** hizo públicos documentos clasificados como de alto secreto sobre los programas de la NSA, incluyendo a **PRISM** y **XKeyscore**.

Huido de EEUU, ahora mismo se encuentra en un lugar desconocido en Rusia, en donde el gobierno de este país le ha concedido asilo político durante un año. Los gastos de Edward están siendo sufragados por **Wikileaks**.
Considerado como traidor por unos y patriota por otros, su futuro es incierto.

Bitcoin **está en manos de toda la comunidad de Internet** por lo que posibles fallos en su implementación original o puertas traseras, no dejarían de ser problemas con una **duración limitada en el tiempo**, hay muchos ojos mirando como para que alguna oscura intervención no se detectara, y esto es algo muy bueno y que hace de Bitcoin la mejor de las criptomonedas, la enorme base de gente que está interesada en usarla a todos sus niveles, desde usuarios que solo compran o venden, desarrolladores que mejoran su código, emprendedores que inician nuevos servicios, etc.

Pongamos el ejemplo de Mt.Gox, poco se ha tardado en filtrar y publicar el código fuente de la plataforma, junto con mucha más información como hemos visto. Y ahora sabemos al menos que el señor Karpeles no ha jugado limpio con sus clientes.

Sobre el supuesto total anonimato, ya hemos dicho que no es del todo cierto y lo estudiaremos más adelante, por tanto quien opera con Bitcoin y se ha preocupado de interesarse por su funcionamiento no creo que se sorprenda tampoco mucho de esta particularidad, ni se rasgue las vestiduras al saber que el anonimato no es total.

Otro aspecto **es el famoso ataque del 51**%, también conocido y que se supone podría producirse en el caso de tener un pool computacional lo suficientemente potente como para dominar el resto de la red, controlando el 51% de la misma. En el módulo sobre criptografía hablaré un poco sobre el modelo de computación cuántica y los posibles escenarios que tendríamos en esa situación.

Vamos que no acabo de ver claro que la NSA sea la que esté detrás de Bitcoin.

8.13. Los Lingüistas al Rescate

¿No te ha gustado la historia anterior? No hay problema, aún podemos añadir un poco más de color a la búsqueda de Satoshi Nakamoto, y ahora de la mano del Centro de Lingüística Forense de la Universidad de Aston en Birmingham (Inglaterra).

Si recordáis cuando comencé a explicar quién era Satoshi Nakamoto, lo primero que dije fue que, por su forma de escribir, podíamos deducir algunos datos. ¿Podemos saber algo más aplicando técnicas forenses al análisis de textos? Bueno, pues eso es lo que 40 estudiantes del último curso de lingüística forense y dirigidos por su profesor Jack Grieve, quieren averiguar con su estudio llamado "Proyecto Bitcoin".

Y es que a parte de Dorian Nakamoto, otros nombres que se han barajado como posibles Satoshi a lo largo de estos años han sido los siguientes:

- Vili Lehdonvirta
- Michael Claro
- Shinichi Mochizuki
- Gavin Andresen
- Nick Szabo
- Jed McCaleb
- Dustin D. Trammel
- Hal Finney
- Wei Dai
- y el trío formado por Neal King, Vladimir Oksman y Charles Bry.

Teniendo en cuenta que todos ellos tienen publicaciones, lo que ha hecho el equipo de Jack Grieve es analizar las similitudes lingüísticas existentes entre estas y el artículo original de Bitcoin, y no les cabe la menor duda, que la mayor probabilidad de ser el auténtico Satoshi Nakamoto, cae en **Nick Szabo.**

¿Quién es este hombre? Nick Szabo es **ex profesor de Derecho de la Universidad George Washington de los EE.UU** y se le considera un experto en derecho, finanzas, criptografía e informática. Es además el autor original de **Bit Gold o Oro en Bits**, del que hablaremos en nuestro segundo libro sobre dinero electrónico, pero que ya os anticipo presenta muchísimos paralelismos con Bitcoin.

Según los autores del estudio la probabilidad de que Nick Szabo sea el autor original es muy elevada, aunque no pueden descartar que fuera ayudado por otras personas, y afirman que el número de similitudes lingüísticas entre los escritos de Szabo y Bitcoin es asombroso, y que ninguno de los otros posibles candidatos resulta ser tan bueno como para ser nuestro enigmático personaje.

Entre los rasgos lingüísticos distintivos, y que aparecen tanto en los textos de Szabo como en el artículo sobre Bitcoin, están las expresiones "cadena de ...", "para nuestros propósitos", "la necesidad de ... ", "por supuesto" , "siempre y cuando", " como por ejemplo" y "sólo", utilizadas en numerosas ocasiones; las contracciones; las comas antes de "y" y "pero", los adverbios terminados en '-mente', y los pronombres "nosotros" y "nuestro" en trabajos de un solo autor.

¿Tiene peso y base este trabajo? Personalmente creo que sí y más aún cuando hace unos meses apareció otra investigación realizada por **Skye Grey** en donde llegaba a las mismas conclusiones que el estudio de Jack Grieve. ¿Quiero decir con esto que Szabo es Satoshi Nakamoto? Afirmar eso sería muy pretencioso por mi parte, aunque las evidencias hacen pensar, que tal vez y de algún modo sí que estuvo relacionado con la elaboración del texto, igual fue quien lo revisó, editó y publicó, y coordinó el trabajo inicial de un grupo de personas. En cualquier caso, la pregunta aún sigue abierta.

¿Habrá nuevos capítulos que añadir a esta apasionante telenovela histórica? No solo es probable sino que además es seguro, sino no sé que voy a hacer con las palomitas que he comprado, pero si quiero en algún momento dar por terminado este libro, no me queda más remedio que dejarlo aquí, y en posteriores actualizaciones iremos completando y añadiendo a la historia las piezas que falten. ;-)

8.14. BitcoinComic. Tras los pasos de Satoshi Nakamoto

Tal es el interés que ha suscitado la identidad de Satoshi Nakamoto, que hace pocas semanas se puso a la venta el comic "Bitcoin: La caza de Satoshi Nakamoto".

Escrita por **Alex Preukschat** y **Josep Busquet** e ilustrada por **José Ángel García Ares**, e iniciada como un proyecto de crowdfunding que logró recaudar más de 20.000 euros para hacer que viera la luz.

La historia está llena de guiños a conceptos criptográficos (por poner un ejemplo, los personajes principales son Alicia y Bob, dos nombres clásicos que se utilizan siempre en criptografía cuando se trata de explicar el funcionamiento de los algoritmos de cifrado) y a las diferentes visiones que se dan a Bitcoin.

Mención especial merecen también los anexos del libro, con los nombres de las personalidades más relevantes hasta el momento de la comunidad Bitcoin internacional y de habla hispana. Y guías con información adicional adicional para aquellos interesados en adquirir más conocimientos sobre la criptomoneda.

La edición en castellano puede adquirirse tanto en papel como en edición digital, y se editará también en inglés y en polaco.

9. En Resumen.

Bien, pues finalizamos este libro 1 y espero que ahora entendáis aunque solo sea un poco mejor, esos conceptos con los que los medios de comunicación constantemente nos bombardean y porqué considero que Bitcoin es un torpedo en la línea de flotación al sistema financiero y monetario tal y cómo lo entendemos y el motivo que está llevando a muchos Estados a empezar a preocuparse por él. Bitcoin nos permite realizar transacciones económicas de manera electrónica y casi anónima, en cuestión de minutos, y sin tener que pagar costes por realizarlas ni impuestos, no depende de ningún banco central, pueden ser generados por cualquiera de nosotros a través de un proceso denominado minería, y dado que sabemos de antemano la cantidad de dinero que habrá en circulación, actúa como un mecanismo para controlar la inflación.

Su naturaleza hace que haya nacido para quitar el poder monetario a los Gobiernos, a los Bancos Centrales y a las Entidades Financieras, para dárselo a la gente, gente como tú y como yo, que tenemos el poder de decidir, de cambiar y crear la Sociedad que queremos para nosotros y para nuestros hijos.

Actualmente está creada la mitad de la masa monetaria, y en torno a 2017 tendremos creadas las ¾ partes de total, y es presumible que a partir de ese momento, al acercarnos al límite de Bitcoin que se van a crear (no más de 21 millones), el valor deberá de entrar en deflación y aumentar exponencialmente. Para el 2030 tendremos creados casi el total de la masa monetaria que acabará por ser minada en el año 2140.

Por todo esto, el mayor peligro que representa es que triunfe como moneda. ¿Pero solo como moneda?

ieet.org/index.php/IEET/more/swan20141110

Espero haber despertado tu interés y que cuando te acerques a Bitcoin, veas el enorme potencial que está a nuestra disposición, aunque, en este primer libro, solo hemos visto una pequeña   visión global de muchos conceptos, y aún nos queda mucho camino por recorrer juntos. Lo más importante es que no te sientas abrumado por la cantidad de información que puedes recibir, como todas las buenas ideas, es mucho más sencillo de lo que parece a simple vista y con poco esfuerzo podrás trabajar muy rápidamente y sumergirte en el apasionante mundo de las criptomonedas.

Lo he dicho muchas veces a lo largo de este libro, estoy realmente convencido, **Bitcoin va a cambiar el mundo**.

10. Próximamente en el Libro 2

Justificada la necesidad de Bitcoin, en la libro 2 comenzaremos explicando en qué consiste el dinero electrónico en general, y hablaremos de los diferentes tipos que existen y de sus particularidades, veremos algunos competidores de Bitcoin, hablaremos de otros experimentos que surgieron antes como es la red Ripple y seguiremos aprendiendo a movernos por este mundo tan fascinante.

¡No os lo perdáis!

Anexo A.

La Historia del Dinero

2500 a de C.   Las monedas metálicas reemplazan a la cebada y otros objetos como dinero de curso legal en Mesopotamia. En el siglo XXVI a de C. se menciona la plata como medio de pago.

siglo XVII a de C.   En Asia comienza el uso de la moneda electro (aleación de oro y plata).

338 a de C.   Se utilizan las monedas en la Roma Republicana.

268 a de C.   Primera moneda de plata en la Antigua Roma: el denario (de donde viene la palabra dinero).

845   Se emite por primera vez el papel moneda en China pero fue mal controlado y conduce a la inflación y a la bancarrota gubernamental.

1250   Jaime I. De Aragón emite por primera vez el papel moneda en Europa. Su valor dependía de los depósitos en oro que poseía el país.

Primera mitad del siglo XIV   Se crean los bills of exchange u órdenes de pagos escritas pagaderas a determinada persona en determinado lugar. Dan increíble vigor al comercio internacional.

1608   Se utilizan en los países bajos los primeros cheques.

1613   Se generaliza en Europa la moneda de cobre usualmente de muy poco valor.

1681   Comienza el uso del cheque en Inglaterra.

1718   Se emiten en Inglaterra los primeros bank notes.

1729   Benjamín Franklin publica su ensayo sobre la necesidad del papel moneda. Sus ideas triunfan años después con la Guerra de Independencia de las trece colonias y el nacimiento de EEUU. A Franklin se le llama "el padre del papel moneda".

1787   Se introduce el dólar en EEUU.

1821   Puesta en marcha del patrón Oro.

1864   Comienza a usarse la inscripción "In God we Trust" en las monedas de EEUU.

1873   Alemania adopto el marco como unidad monetaria.

1922   Conferencia de Génova, se cambia el patrón Oro por el patrón cambio Oro

1929   Crack del 29

1944   Conferencia de Bretton Woods.

1950   Diners Club lanza la primera tarjeta moderna de cargos de cartón, en 1955 cambio a plástico.

1958 – 1959   American Express lanza sus primeras tarjetas plásticas de cargos.

1958   The Banks of America introduce la Bank Americard primera versión bancaria de una tarjeta de crédito.

1970 – 1980   Década de ensayos bancarios con distintos tipos de Money Card.

1971   Se produce el Nixon Shock

1972   El banco de la Reserva Federal de San Francisco experimenta con los pagos electrónicos. Para 1978 todos los bancos de la Reserva Federal ya usan el sistema. Paso decisivo en la creación del dinero electrónico.

1975   Fin de la Guerra de Vietnam

1984   La Corte Federal de Apelaciones (EEUU) legaliza nacionalmente el uso de cajeros automáticos (ATM).

1995   Los sistemas y funciones del dinero electrónico están firmemente establecidos.

1995 – 1996   Surgen los sistemas de pagos con "smart card", cheques electrónicos y correo electrónico.

1996   En las olimpiadas de Atlanta Visa lanza su versión simplificada del money card.

1997   Se considera un año de ensayo y experimentación para la tecnología de las tarjetas inteligentes en línea.

2000   Se comienza a utilizar una nueva moneda en Europa el Euro.

2010   Aparece Bitcoin en el escenario mundial

Referencias del Libro 1

- **Sobre las razones de por qué Bitcoin fracasará**

  http://actualidad.rt.com/economia/167183-razones-colapso-bitcoin

  http://www.sputniknews.com/analysis/20150222/1018609336.html

- **Sobre la Prohibición de usar Bitcoin en Tailandia**

  http://elcomercio.pe/actualidad/1610942/noticia-tailandia-primer-estado-que-prohibe-moneda-virtual-bitcoin

  http://www.dineroenimagen.com/2013-07-29/23766

  http://www.cronista.com/financialtimes/Tailandia-prohibe-usar-mondeas-virtuales-como-el-bitcoin-20130801-0003.html

  http://www.elmundo.es/elmundo/2013/07/30/navegante/1375162539.html

http://tecnologia.elpais.com/tecnologia/2013/07/31/
actualidad/1375259283_419129.html

- **Bernanke y Bitcoin**

  http://www.ft.com/cms/s/.../6c5b941c-5052-11e3-
  9f0d-00144feabdc0.html

  http://www.newrepublic.com/article/115801/berna
  nkes-bitcoin-comments-signal-growing-
  acceptance

  http://www.reddit.com/r/Bitcoin/comments/1qwq
  2c/bernanke_bitcoin_may_hold_longterm_promis
  e

- **Sobre la Ley de Gresham**

  http://en.wikipedia.org/wiki/Gresham's_law

  http://www.britannica.com/EBchecked/topic/2458
  50/

- **Sobre la Imposibilidad de pagar las deudas**
  http://es.wikipedia.org/wiki/Zeitgeist:_Addendu
  m

- **Sobre la Independencia de los Bancos Centrales**

  http://online.wsj.com%2farticle%2fSB10001424127
  887323706704578229503984749888.html

- **Sobre la Inflación Húngara y Zimbabiue**

http://fronterasblog.wordpress.com/2011/08/25/cuando
-el-dinero-no-vale-ni-el-papel-en-el-que-esta-
impreso-y-ii

- Sobre el Teorema de Mises y Bitcoin

  http://mises.org/daily/6399/The--of-Bitcoins

- Sobre Virgin y Bitcoin

  http://coinrevolution.com/virgin-galactic-acepta-bitcoin-sus-viajes-al-espacio

  http://es.engadget.com/tag/virgin+galactic

  http://www.cnbc.com/id/101220705

  http://www.theguardian.com/technology/2013/nov/22/virgin-galactic-bitcoin-space-flights-payment

- Sobre el estudiante noruego que se hizo rico

  http://www.abc.es/economia/20131101/abci-coin-millonario-201311011545.html

  http://www.eleconomista.es/divisas/noticias/52764
  89/11/13/Un-joven-compro-27-dolares-de-Bitcoin-olvido-la-inversion-y-ahora-tiene-casi-un-millon.html

- Sobre la volatilidad de Bitcoin

  Timothy B. Lee, "An Illustrated History of Bitcoin Crashes," Forbes, 11 de abril de 2013, http://www.forbes.com/sites/timothylee/2013/04/11/an-illustrated-history-of-bitcoin-crashes/. Maureen Farrell, "Strategist Predicts End of Bitcoin," CNNMoney, 14 de mayo de 2013, http://money.cnn.com/2013/05/14/investing/brem mer-bitcoin/index.html.

- **El oro como burbuja**

http://bolsayotrascosas.blogspot.com/2014/11/el-oro-una-burbuja-de-6000-anos.html

- **Sobre la corrupción en España**

http://www.elmundo.es/elmundo/2013/05/17/espa na/1368783277.html

http://www.elmundo.es/elmundo/2013/04/25/espa na/1366889013.html

www.elmundo.es/elmundo/2013/04/08/espana/136 5417654.html

http://www.elmundo.es/elmundo/2013/04/08/espa na/1365417654.html

- **Sobre Argentina y el uso de Bitcoin**

Jon Matonis, "Bitcoin's Promise in Argentina," Forbes, 27 de abril de 2013, http://www.forbes.com/sites/jonmatonis/2013/04/2 7/bitcoins-promise-in-argentina/.

Camila Russo, "Bitcoin Dreams Endure to Savers Crushed by CPI: Argentina Credit," Bloomberg, 6 de abril de 2013, http://www.bloomberg.com/news/2013-04-16/bitcoin-dreams-endure-to-savers-crushed-by-cpi-argentina-credit.html.

Georgia Wells, "Bitcoin Downloads Surge in Argentina," Wall Street Journal Money Beat, 17 de julio de 2013, http://blogs.wsj.com/moneybeat/2013/07/17/bitcoin-downloads-surge-in-argentina/.

http://economia.elpais.com/economia/2014/01/25/actualidad/1390681572_292656.html

- **Sobre el cajero de Bitcoin en España**

  http://www.adslzone.net/article13914-hacienda-aborta-la-implantacion-de-cajeros-de-bitcoin-en-espana-por-falta-de-regulacion.html

- **Sobre Silk Road en general**

  http://gawker.com/5805928/the-underground-website-where-you-can-buy-any-drug-imaginable

  http://www.businessinsider.com/meet-ross-ulbricht-the-brilliant-alleged-mastermind-of-silk-road-2013-10

  http://www.cnn.com/2013/10/04/world/americas/silk-road-ross-ulbricht/

  http://www.elespectador.com/noticias/elmundo/el-creyente-del-bitcoin-articulo-503673

- **Sobre la Tulipomanía**

  http://es.wikipedia.org/wiki/Tulipoman%C3%ADa

- **Sobre la moneda complementaria Napo de Napoles**

http://www.20minutos.es/noticia/1811789/0/napon
es/moneda-napo/complementaria-euro

- **Sobre la relación de Silk Road con Satoshi Nakamoto**

  https://s3.amazonaws.com/s3.documentcloud.org/
  documents/839348/silk-road-paper.pdf

- **Sobre Austin Craig y Beccy Bingham**

  http://actualidad.rt.com/sociedad/view/110191-
  pareja-viajar-mundo-bitcoin-virtualNov

  www.telecinco.es/.../Bitcoins-dinero_virtual-
  monedero_virtual-
  viaje_por_Europa_0_1694175096.html

  http://elbitcoin.org/casados-con-bitcoin/

- **Sobre la historia del dinero en general**

  La historia del dinero: de la piedra arenisca al ciberespacio Escrito por J. McIver Weatherford

- **Sobre la quita del 10% que planea el FMI**

  http://www.lavanguardia.com/economia/20131016/
  54391230592/fmi-plantea-quita-10-hogares-
  europeos.html

- **Sobre Jed McCaleb y proyecto secreto relacionado con Bitcoin**

  http://www.coindesk.com/mt-gox-founder-jed-
  mccaleb-working-mystery-bitcoin-project/

http://www.secretbitcoinproject.com.

- **Sobre Mt.Gox y la campaña de firmas**

http://r.reuters.com/jeh68v

http://afectadosmtgox.blogspot.com.es

- **Sobre Mt.Gox**

http://www.finanzas.com/noticias/economia/20140318/bitcoin-senales-vida-mtgox-2629864.html

www.reuters.com/article/2014/02/28/us-bitcoin-mtgox-insight-idUSBREA1R06C20140228

http://www.finanzas.com/noticias/empresas/20140331/bitcoin-japon-investiga-mtgox-2639319.html

http://www.eleconomista.es/internacional/noticias/5665049/03/14/EXCLUSIVAEmpleados-cuestionaron-a-Mt-Gox-acerca-del-manejo-del-dinero.html

http://www.teknlife.com/noticia/mark-karpeles-citado-declarar-por-el-robo-de-bitcoins

http://www.coindesk.com/investor-group-offers-buy-mt-gox-one-bitcoin/

http://www.coindesk.com/mt-gox-confirms-200000-btc-finding-revises-lost-bitcoin-figures/

http://lacartadelabolsa.com/imprimir/articulo/demanda_colectiva_en_eeuu_sobre_bitcoines_anade_a_mizuho_como_acusado http://coindesk.us6.list-manage.com/track/click?u=bd86e4166301c98f522b19a62&id=ad5dc118a0&e=8c81b24bb7

- **Sobre Satoshi Nakamoto y Nick Szabo**

  http://www.tendencias21.net/Encuentran-al-creador-del-sistema-monetario-virtual-Bitcoin_a33080.html

  http://szabo.best.vwh.net

  http://techcrunch.com/2013/12/05/who-is-the-real-satoshi-nakamoto-one-researcher-may-have-found-the-answer/

  https://likeinamirror.wordpress.com/2013/12/01/satoshi-nakamoto-is-probably-nick-szabo

- **Sobre Satoshi Nakamoto y Newsweek**

  http://www.laneros.com/2014/03/el-creador-de-bitcoin-niega-su-participacion

  http://mag.newsweek.com/2014/03/14/bitcoin-satoshi-nakamoto.html

- **Sobre Satoshi Nakamoto**

  http://www.pulzo.com/economia/newsweek-se-defiende-y-ratifica-que-dorian-nakamoto-es-el-creador-de-bitcoin-97061

  http://www.mail-archive.com/cryptography@metzdowd.com/msg09971.html

http://www.mail-archive.com/cryptography@metzdowd.com/msg10001.html

http://p2pfoundation.ning.com/profile/SatoshiNakamoto

http://bitcoinreport.com/who-is-satoshi-nakamoto

- **Sobre la relación de la NSA con Bitcoin**

http://www.bitcoinnotbombs.com/bitcoin-vs-the-nsas-quantum-computer/

http://www.sharpenedsticks.com/2013/07/03/bitcoin-was-created-by-the-nsa-the-latest-shocking-snowden-revelation

- **Sobre Mark Karpeles**

http://en.wikipedia.org/wiki/Mark_Karpeles
http://online.wsj.com/news/articles/SB10001424052702304071004579407022025451 07

http://www.dailytech.com/Bitcoin+King+Mt+Gox+CEO+Mark+Karpels+History+of+Arrests+Firings/article34442.htm

http://www.wired.com/wiredenterprise/2014/03/bitcoin-exchange/

- **Sobre la sátira del congresista de EEUU Jared Polis**

http://es.kioskea.net/news/17281-bitcoin-prohibir-el-dolar

- **Sobre las monedas locales o complementarias**

  Blake Ellis, "Local Currencies: 'In the U.S. We Don't Trust,'" CNN Money, 27 de enero de 2012, http://money.cnn.com/2012/01/17/pf/local_currency/index.htm.